独ソ戦車戦シリーズ
6

ドン河の戦い
スターリングラードへの血路はいかにして開かれたか?

著者
マクシム・コロミーエツ
Максим КОЛОМИЕЦ

アレクサンドル・スミルノーフ
Александр СМИРНОВ

翻訳
小松德仁
Norihito KOMATSU

監修
齋木伸生
Nobuo SAIKI

БОИ В ИЗЛУЧИНЕ
ДОНА
28 июня - 23 июля 1942 года

大日本絵画
dainipponkaiga

目次　contents

- 2 ●目次、原書スタッフ
- 3 ●序文
- 4 ●**第1章**
  1942年、ドイツ軍夏季大攻勢前夜の両軍
  НАКАНУНЕ ГЕНЕРАЛЬНОГО ЛЕТНЕГО НАСТУПЛЕНИЯ ВЕРМАХТА 1942 ГОДА
  - 4　ドイツ軍司令部の計画
  - 7　ドイツ国防軍戦車部隊
  - 13　ソ連軍司令部の計画
  - 14　赤軍戦車部隊
  - 18　1942年7月初めの南西戦線
  - 27　新たな試練の前夜
- 32 ●**第2章**
  「ブラウ作戦」の実施
  ОПЕРАЦИЯ《БЛАУ》
  - 38　ソ連第1及び第16戦車軍団の活動
  - 48　ソ連第40軍左翼の戦闘
  - 49　ソ連第17戦車軍団の戦闘
  - 52　第24戦車軍団の戦闘
  - 54　第21軍及び第28軍地帯での戦闘活動
  - 59　ヴォローネジ方面の戦い
  - 69　ソ連第5戦車軍の反撃
  - 82　ヴォローネジ方面の戦いの後
  - 85　ソ連第18戦車軍団の戦闘活動
  - 87　ヴォローネジ方面軍創設
  - 89　「クラウゼヴィッツ作戦」
  - 96　南西方面への撤退
  - 111　ドイツ軍のロストフ突入
- 114 ●**第3章**
  まとめ ─ この戦いが両軍にもたらしたもの
  ЗАКЛЮЧЕНИЕ
- 65 ●塗装とマーキング
- 119 ●付録：実践での独ソ戦車部隊の戦術使用に関して
  （「ブラウ作戦」中の第23戦車師団の戦闘経験に基づき作成）
- 123 ●参考文献と資料

原書スタッフ

発行所／有限会社ストラテーギヤ KM
　　　　ロシア連邦　125015　モスクワ市　ノヴォドミートロフスカヤ通り5-A　1601号室
　　　　電話：7-095-787-3610
発行者／マクシム・コロミーエツ　　　　　　美術編集／エヴゲーニー・リトヴィーノフ
プロジェクトチーフ／ニーナ・ソボリコーヴァ　校正／ライーサ・コロミーエツ
カラーイラスト／セルゲイ・イグナーチエフ　　地図／パーヴェル・シートキン
資料翻訳／ヤロスラーフ・トームシン　　　　　発行／2003年3月

■写真キャプション中の「付記」は、日本語版（本書）編集の際に、監修者によって付け加えられた。

再び我らは退却する、同志よ、
再び我らは戦いに敗れ
血に染まった恥辱の太陽は
我らの肩に沈みゆく

死者の瞼を閉じもせず
寡婦らに言わねばならない
我らは最後の敬礼も忘れ
その時間もなかったと

厳かな兵士の墓ではなく
塵の中に彼らは眠っている
彼らを辱めたまま
我らは…生きて還った

いつわりなのか、我らが
寡婦と母に語るとき
彼らを道々棄て去ったのだと
葬る間がなかったのだと

コンスタンチン・シーモノフ [注1]

序文

　ハリコフ郊外 [注2] とクリミアで敗北を喫した赤軍には、新たな厳しい試練が待ち受けていた。そのひとつが、1942年6月28日から7月23日にかけてのドン河大湾曲部におけるドイツ軍の攻勢を迎え撃つ戦いであった。これは、ソ連の軍事史では「ヴォローネジ・ヴォロシロフグラード防衛作戦」と呼ばれている。この戦いでは、ブリャンスク、南西、南各方面軍部隊は敵の攻撃を持ち堪えることができず、戦況はもはや手に負えないかのように思われた。事実、ここでのソ連軍部隊の活動は、国防人民委員指令第227号「ニ・シャーグ・ナザード！（一歩たりとも退くな！）」の発令につながった。

　しかし、ドイツ国防軍もまた、完全なる勝利を収めたわけではない。カフカス地方とスターリングラードの手前に立ちはだかったソ連軍を完全に葬り去ることができなかったからだ。赤軍は再び戦略的イニシアチブを奪われ、またもや人員と兵器に甚大な損害を出したが、それでもなお粘り強い抵抗を続けていた。ドン河大湾曲部での戦いは、第二次世界大戦最大の決戦――スターリングラード攻防戦――の前奏曲となった。ドン地方のステップをヴォルガ河を目指して勇躍と駆け抜けたドイツと枢軸国の軍隊は、やがてスターリングラードで市街戦の悪夢に悩まされる。そしてこの進軍は、ヒットラーとその同盟者を軍事的な破局に導いたのである。

　本書は、1942年6月28日から7月23日にわたるドン河大湾曲部での戦いの経過を概観している。さらに、ソ連第5戦車軍その他の戦車軍団の戦闘活動に関する資料を紹介し、各戦車部隊の編制と損害も各種の表にまとめている。

　本書の執筆・刊行にあたってご支援いただいたロシア中央軍事博物館の同僚ナターリヤ・ラヴレンコ、オーリガ・トルストーヴァ、イリーナ・チェパーノヴァ、パーヴェル・シートキンの各氏、それに同志のイリヤー・ペレヤスラーフツェフ氏に謝意を表する。

マクシム・コロミーエツ

[注1] ソ連の著名な軍事ジャーナリスト。ちなみに最初の戦場取材はノモンハン事件であった。（訳者）
[注2] 本シリーズ第3巻『ハリコフ攻防戦』参照。（訳者）

第1章
1942年、ドイツ軍夏季大攻勢前夜の両軍
НАКАНУНЕ ГЕНЕРАЛЬНОГО ЛЕТНЕГО НАСТУПЛЕНИЯ ВЕРМАХТА 1942 ГОДА

ドイツ軍司令部の計画
ПЛАНЫ НЕМЕЦКОГО КОМАНДОВАНИЯ

　1942年の春に戦略的主導権を握り、独ソ南西戦線で兵員と装備でかなりの優勢を確保したドイツ軍司令部は、夏季大攻勢の準備に取りかかった。その目的は、1941年に実現できなかった課題の実現、すなわち赤軍の主力を壊滅させ、ソ連の重要な戦略地区を奪取し、ソ連を完全に崩壊させることであった。しかし、当時のドイツ軍はもはや、1941年のようにすべての重要戦略方面で攻勢を計画し、実行できる状態にはなかった。それゆえ、ひとつの方面に攻勢の重点が置かれることになった。
　すでに1942年6月初頭時点でふたつの大規模作戦が策定されており、それでもって独ソ戦線南翼での大攻勢が開始されるはずであった。ここで、カフカス地方への突入［注3］とスターリングラード地区でのヴォルガ河進出を果たすことにより、ソ連軍の防衛線をふたつの孤立した部分に分断し、それから赤軍を全滅させて戦争そのものに勝利することが想定された。

1：ロッソシ地区を行軍しているドイツ第6野戦軍第3戦車師団の自動車縦隊。1942年7月8日。（「ストラテーギヤKM」社所蔵、以下ASKMと表記）

［注3］本シリーズ第5巻『カフカスの戦い』参照。（訳者）

4

「ブラウ（ブルー）」と暗号名がつけられた、来るべき攻勢作戦の当面の課題は、ひとつはクルスクからヴォローネジへ、もうひとつはヴォルチャンスクからスタールイ・オスコールとオストロゴージスクへ向けたふたつの攻撃を収斂させることであった。こうしてドイツ軍司令部はヴォローネジ方面に展開するソ連軍部隊を殲滅し、敵をスタールイ・オスコールの西に包囲しつつ、ドン河のヴォローネジからノーヴァヤ・カリトヴァーに至る地区に進出し、ドン河左岸の橋頭堡を手に入れることを期待した。

「クラウゼヴィッツ」作戦は、ヒットラー軍部隊のヴォローネジ進出を機に発動されることになっていた。ヴォローネジに到着したドイツ国防軍戦車部隊は進路を南に変え、ソ連南西方面軍の後方を衝くことを予定していた。この作戦の中で、スラヴャンスク〜アルチョーモフスク〜クラマトールスク地区に集結したドイツ軍部隊は、ソ連南西方面軍と南方面軍の境目の防衛線を突破することを主要課題としていた。その後さらに、攻勢をカンテミーロフカに伸ばし、南西方面軍主力を完全包囲したうえで、カフカス地方とスターリングラードの2方面に急進撃を実行することが企図された。

1942年の夏までに、ドイツ軍最大の兵力は東部戦線の南翼に展開していた。まだ4月の時点で、ドイツ国防軍最高司令部はこの計画にしたがい、東部戦線部隊の統帥系統に若干の修正を施した。たとえば、南方軍集団はフォン・ボック元帥率いるB軍集団（第4戦車軍、第2及び第6野戦軍、ハンガリー第2軍）とV・リスト元帥を長とするA軍集団（第1戦車軍、第17及び第11野戦軍、イタリア第8軍）に分けられた。B軍集団の中にはM・ヴァイヒス将軍を指揮官とする「ヴァイヒス」戦闘集団が編成され、そこには4個軍のうちの3個、すなわち第4戦車軍と第2野戦軍、ハンガリー第2軍が含まれていた。

ドイツ軍司令部は6月後半に、クルスクの北東とハリコフの北東に「ブラウ作戦」に参加すべき攻撃部隊の集結、展開を完了した。

シチグリィーからヴォローネジに向けた攻撃は、歩兵師団10個半と戦車師団4個、自動車化師団3個、それにハンガリー軍師団10個を擁する「ヴァイヒス」戦闘集団の兵力でもって発起されることになっていた。第2野戦軍地帯に配置された9個歩兵師団はフランスとドイツから東部戦線に派遣された部隊であった。また、1個戦車師団と1個自動車化師団、それに第4戦車軍と1個戦車軍団、2個軍団の管理部は中央軍集団から移されたものである。

ヴォローネジ方面の主攻撃は第4戦車軍が担当した。それは、ヴォローネジ地区のドン河に到達した後、第6野戦軍とともにカンテミーロフカを攻撃し、それからさらに南東に進み、第1戦車軍と合流してソ連南西及び南方面軍の部隊を包囲する任務を負っていた。

突撃部隊の編成を目的として、ヴォルチャンスク地区の第6野戦軍地帯には歩兵師団9個と戦車師団2個、自動車化師団1個が集結した（そのうち6個歩兵師団と1個戦車師団は西ヨーロッパから到着し、1個歩兵師団と軍並びに戦車軍団の管理部は中央軍集団の編制から移された）。

ヴォローネジ方面とオストロゴージスク方面にドイツ軍は全部で41個師団を配置した。その他、第2及び第6野戦軍の首尾良い進撃を保障し、戦力を強化すべく、ドイツ国防軍最高司令部は「ブラウ作戦」の途中でさらに29個師団をここに送り込むことを計画した。「クラウゼヴィッツ作戦」を実施するうえでは、アルチョーモフスクとクラマトールスクの地区にフランスから2個歩兵師団が、そしてクリミアからは1個戦車師団が差遣され、さらに中央軍集団の編制から戦車軍団1個並びに軍団1個の管理部が到着した。6月後半のスラヴャンスク地区にはイタリア第8軍部隊が到着し始めた。すでに月末には、その3個師団は第11野戦軍の集結地区にあった。ノヴォプスコーフスク、スタロベーリスク、ヴォロシロフグラードの各方面には合計33個師団（ドイツ——歩兵13個、戦車4個、自動車化2個；ルーマニア——8個；イタリア——6個）が進撃を待機していた。

A軍集団の第1戦車軍と第17野戦軍はスラヴャンスクとアルチョーモフスクから発起された攻撃の中で、スタロベーリスク～ヴェルフニェタラーソフカ～ヴォロシロフグラードの線を突破し、第4戦車軍及び第6野戦軍の隷下部隊と合流し、ソ連軍南西及び南両方面軍部隊の包囲を完了し、殲滅することになっていた。ドイツ軍司令部はこうして南部のソ連軍主力部隊を壊滅させた後、ドン河右岸を手に入れてヴォルガ河に進出し、この重要な水上交通路を遮断し、カフカス地方への進撃を望んだのである。

1942年6月末の南方軍集団には全部で97個師団があり、それは歩兵師団76個、戦車師団10個、自動車化師団8個、騎兵師団3個からなっていた。その兵力は、将兵90万名、戦車及び突撃砲1,260両、砲及び迫撃砲1万7,000門以上、航空機1,640機を数えた。また、このうちの歩兵師団14個と騎兵師団1個はE・マンシュタイン将軍率いる第11軍の編制下にあり、クリミア地方での戦闘に加わっていた。南方軍集団の予備にはドイツ軍歩兵師団2個と枢軸軍師団6個が控置されていた。ただし、イタリア軍とルーマニア軍の師団の登場はまだであったことも指摘しておかねばならない。南方軍集団の進撃は、上空からV・リヒトホーフェン大将指揮下の第4航空艦隊1,200機が支援していた。

2：第9戦車師団司令部のⅢ号戦車。R02号車は師団隷下戦車大隊参謀長の、I02号車は第9戦車師団戦車連隊第1戦車大隊副大隊長の乗車である。1942年7月。
付記：両車とも指揮戦車のようだ。

ドイツ国防軍戦車部隊

ТАНКОВЫЕ ЧАСТИ ВЕРМАХТА

これまでの作戦同様、「ブラウ作戦」においても決定的な役割は戦車及び自動車化師団にあてがわれた[注4]。1942年6月時点で、南方軍集団は夏季大攻勢を実施するための戦車師団を9個(第3、第9、第11、第13、第14、第16、第22、第23、第24)抱えていた。ドイツ国防軍参謀本部の1942年2月18日付訓令によれば、夏季攻勢の準備段階において2個大隊編制の戦車連隊にはさらに1個(第3)戦車大隊が追加されるようになった。このほか、各自動車化師団は戦車大隊(中戦車中隊2個と軽戦車中隊2個)を1個ずつ受領した(「グロースドイッチュラント」自動車化師団の戦車大隊は中戦車中隊3個から編成されていた)。「ブラウ作戦」には自動車化師団5個(第3、第16、第29、第60、「グロースドイッチュラント」)とSS「ヴィーキング」自動車化師団が投入された。SS「ヴィーキング」師団は戦車大隊を1942年4月に受領した。

「ブラウ作戦」開始までに、戦車師団と自動車化師団は5cmKw.K

[注4] 本書に登場するおもなドイツ国防軍の装甲車両の概要を以下に示しておく。(監修者)

Ⅲ号戦車J型：Ⅲ号戦車は最初の生産型では3.7cm砲を装備していたが、もともと5cm砲の装備が考慮されており、G型の1940年7月以降の生産車体から5cm砲が装備されるようになった。ただしこのとき採用されたのは42口径砲だった。しかしこれは60口径砲を搭載しろとのヒットラーの指令を無視したもので、激怒したヒットラーの命令で、J型の1941年12月以降の生産車体から、60口径5cm砲が装備されるようになった。5cmKw.K39 L/60の装甲貫徹力は、39式徹甲弾(Pzgr39)を使用して、100mで54mm(30度傾斜した装甲板に対して)、500mで57mm、1,000mで44mm、1,500mで34mm、2,000mで26mmであった。

Ⅳ号戦車F2型：Ⅳ号戦車は支援戦車として、出現当時としては大口径の7.5cm砲を搭載していたが、砲身長が24口径と短い榴弾砲で、対戦車能力が限られていた。主砲威力の強化は構想されていたが、独ソ戦でソ連軍の強力なT-34やKV-1といった戦車と遭遇したことで、にわかに現実化することになる。こうして長砲身の43口径7.5cm砲が、F型生産

L/60砲搭載型Ⅲ号戦車J型（Pz.Kpfw.Ⅲ Ausf.J）と7.5㎝Kw.K L/43砲搭載型Ⅳ号戦車F2型（Pz.Kpfw.Ⅳ Ausf.F2）が追加支給された。より強力な砲と新型弾薬のおかげで、これらの戦車はソ連のT-34中戦車やKV-1重戦車を相手に健闘した。戦車師団と自動車化師団の編制にはⅢ号戦車J型が18両から110両、Ⅳ号戦車F2型が4両から12両配備されていた。作戦開始後は、もっと強力な7.5㎝Kw.K L/48砲を搭載したⅣ号戦車G型（Pz.Kpfw.Ⅳ Ausf.G）が戦車部隊に配備されるようになった。

戦車部隊のほかに、「ブラウ作戦」には150両以上のⅢ号突撃砲（Stu.G.Ⅲ）を配備した10個の突撃砲大隊も動員された。兵器の大半はⅢ号突撃砲F型で、43口径の75㎜砲Stuk40で武装していた。これらの突撃砲もまた、T-34とKV-1の好敵手であった。

さらに、「ブラウ作戦」ではⅡ号戦車D型車台搭載7.62㎝PaK36(r)用自走砲架（Sd.Kfz.132：Panzer Selbstfahrlafette 1 fur 7.62㎝ PaK36(r)）が初めて使用された。これは、戦利ソ連76㎜大隊砲F22（ドイツ軍内の呼称はPaK36(r)）をⅡ号戦車D型の車台に取り付けたものである。F22砲はドイツで薬室をボーリングによって拡張し、砲口制退器を装着したことにより、もっと強力な弾薬の使用が可能となった。これらの措置によって強力な対戦車砲が誕生し、T-34やKV-1に首尾良く対抗することができた。1942年の6月末までにこれらの自走砲は「グロースドイッチュラント」師団の対戦車大隊に配備され、作戦開始後はさらに数個大隊が同種の自走砲で武装されて前線に到着した。

「ブラウ作戦」にはもうひとつおもしろい自走砲が参加していたことも指摘しておきたい。それは、3.7㎝対戦車砲PaK35/36が搭載された戦利フランス補給豆戦車ルノーUE（Infanterie Schlepper UE (f)）である。この車両は第17軍第125歩兵師団に配備され、1942年7月のロストフ［注5］をめぐる戦いに使用された。

途中から搭載されることになり、当初これらはF2型と呼ばれた。F2型は1942年3月から7月までに175両が生産され、さらに25両がF(F1)型から改造されている。ただし後にF2型の呼称は改められ、G型に含められることになった。

Ⅳ号戦車G型：Ⅳ号戦車G型は、当初より43口径7.5㎝砲を搭載して生産された、Ⅳ号戦車の最初のタイプである。当初その仕様はF2型とほとんど同一であったが、後に数次にわたって改良が盛り込まれており、最終生産型では主砲はさらに強化されて48口径砲となり、車体前面装甲も80㎜に増加された、車体側面、砲塔周囲にはシュルツェンも装着されるようになった。生産は1942年5月から開始され、1943年6月までに1,687両が生産された。

Ⅱ号戦車D型車台搭載7.62㎝PaK36(r)用自走砲架：偵察用軽戦車のⅡ号戦車D型及びE型、正確にはその車体から改造されたⅡ号火焔放射戦車の車体を流用して製作された対戦車自走砲で、1942年4月から1943年6月までに201両が改造された。Ⅱ号戦車の上部車体の上に周りをあたかも装甲板を取り付けてオープントップの戦闘室を設け、そこに限定旋回式に7.62㎝PaK36(r)を搭載していた。

37㎜対戦車砲PaK35/36搭載ルノーUE：ルノーUEはイギリス、カーデン・ロイド豆戦車に範をとってフランスで開発された、小型の装甲牽引車で、歩兵部隊の火砲の牽引や物資の運搬に用いられた。1931年にフランス軍に就役し、1940年には約6,000両が使用されていた。ドイツ軍は多数を捕獲して各種用途に使用した。そのひとつが3.7㎝PaK35/36を搭載した対戦車自走砲で、歩兵部隊で使用された。

［注5］ドン河下流にあるロストフ州の州都で、正式にはロストフ・ナ・ドヌーと呼ばれ、ロシア南部の政治・経済の中心である。本書では以下、通称のロストフとのみ記す。（訳者）

3・4：前線に到着したドイツ第4戦車軍第24戦車師団所属のⅢ号戦車J型の下車作業。「ヴァイヒス」戦闘集団地区、1942年6月。戦車の右フェンダーに師団章がはっきり見える。（ドイツ国立公文書館所蔵、以下BAと表記）

付記：Ⅲ号戦車J型後期型は、1941年12月から1942年7月までに1,067両が生産された。車体前面と上部構造物前面には予備履帯が装着されているが、この部分の装甲はやはり50㎜であった。輸送のため主砲や機関銃には塵芥の侵入を防ぐための、キャンバスのカバーがかけられている。

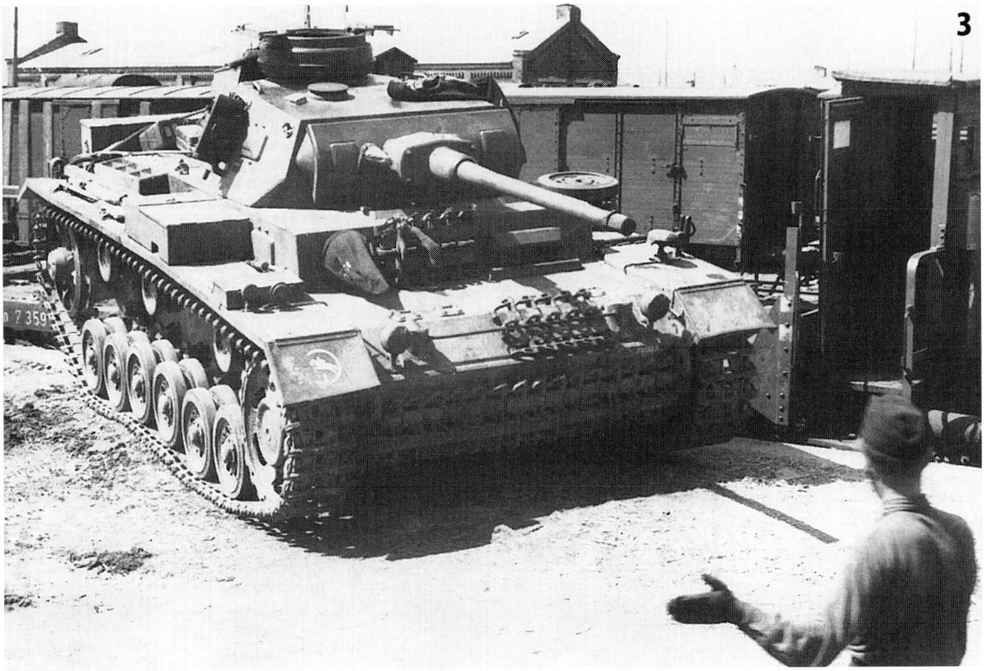
3

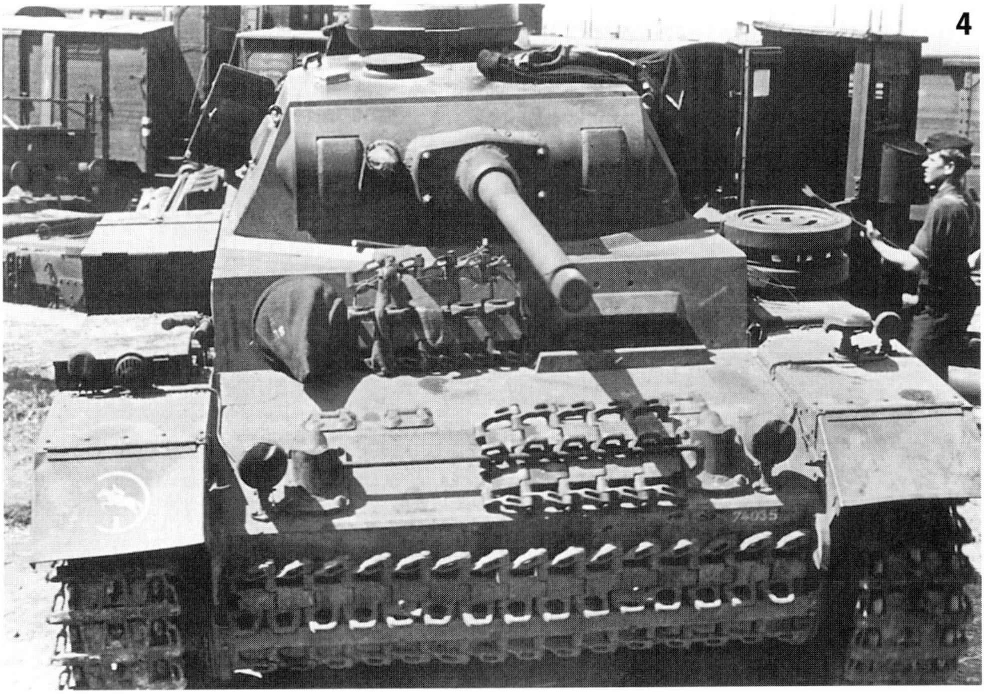
4

5：射撃陣地に着いた「グロースドイッチュラント」自動車化師団隷下の対戦車大隊に所属するII号戦車D型車台搭載7.62cmPaK36(r)用自走砲架（Sd.Kfz.132：Panzer Selbstfahrlafette 1fur 7.62cm PaK36(r)）。「ヴァイヒス」戦闘集団地区、1942年7月。（BA）

付記：II号戦車D型車台搭載7.62cmPaK36(r)用自走砲架に搭載された。7.62cmPaK36(r) L/51.5の装甲貫徹力は、39式徹甲弾（Pzgr39）を使用して、100mで98mm（30度傾斜した装甲板に対して）、500mで90mm、1,000mで82mm、1,500mで73mm、2,000mで65mもあった。車体前面装甲は戦車のままの30mmだが、戦闘室周囲の装甲板は14.5mmである。

ドイツ軍夏季大攻勢開始時（1942年6月末～7月初頭）の「ヴァイヒス」戦闘集団第4戦車軍の戦車及び自動車化師団の戦力構成

師団名	データ集計日	II号戦車	III号戦車*1	III号戦車*2	IV号戦車*3	IV号戦車*4	指揮戦車	計
第9戦車師団	6月22日	22	38	61	9	12	2	144
第11戦車師団	6月25日	15	14	110	1	12	3	155
第16戦車師団	7月1日	13	39	18	15	12	3	100
第24戦車師団	6月28日	32	54	56	20	12	7	181
第3自動車化歩兵師団	6月28日	10	—	35		8	1	54
第16自動車化歩兵師団	6月28日	10		35		8	1	54
「グロースドイッチュラント」師団	7月1日	12	2	—	18	12	1	45
計		114	147	315	63	76	18	733

*1）5cmKw.K L/42砲装備、*2）5cmKw.K L/60砲装備、*3）7.5cmKw.K L/24砲装備、*4）7.5cmKw.K40 L/43砲装備
（Thomas L.Jentz. Panzertruppen 1933-1942, Shiffer Military History, Atglen, PA, 1996及びB・ミューラー＝ヒーレブラント著『ドイツ陸軍 1933-1945年』［露語、モスクワ、2002年刊］に依拠して作成）

ドイツ軍夏季大攻勢開始時（1942年6月末～7月初頭）の第6軍第40戦車軍団の戦力構成

師団名	データ集計日	II号戦車	III号戦車*1	III号戦車*2	IV号戦車*3	IV号戦車*4	指揮戦車	計
第3戦車師団	6月27日	25	66	40	21	12	—	164
第23戦車師団	6月28日	27	50	34	17	10	—	138
第29自動車化歩兵師団	6月28日	12	—	36	—	8	2	58
計		64	116	110	38	30	2	360

*1）5cmKw.K L/42砲装備、*2）5cmKw.K L/60砲装備、*3）7.5cmKw.K L/24砲装備、*4）7.5cmKw.K40 L/43砲装備
（Thomas L.Jentz. Panzertruppen 1933-1942, Shiffer Military History, Atglen, PA, 1996及びB・ミューラー＝ヒーレブラント著『ドイツ陸軍 1933-1945年』［露語、モスクワ、2002年刊］に依拠して作成）

6：射撃陣地に立つ、ソ連製戦利76.2mm砲Pak36(r)を装備したドイツ軍のⅡ号戦車D型車台搭載7.62cmPaK36(r)用自走砲架。ドイツ国防軍第4戦車軍地帯、1942年7月。（BA）

付記：車体の小ささを補うため、戦闘室後部には実に多数の装備品類が固縛されている。車体周囲の装甲板と砲防盾の間から、身をよじって体を出した操縦手がいかにも窮屈そうだ。

ドイツ軍夏季大攻勢開始時（1942年6月末〜7月初頭）の第1戦車軍の戦車及び自動車化師団の戦力構成

師団名	データ集計日	Ⅱ号戦車	Ⅲ号戦車*1	Ⅲ号戦車*2	Ⅳ号戦車*3	Ⅳ号戦車*4	38(t)戦車	指揮戦車	計
第14戦車師団	6月20日	14	41	19	20	4	—	4	102
第22戦車師団	7月1日	28	—	12	11	11	114	—	176
第60自動車化歩兵師団	7月7日	17	—	35	—	4	—	1	57
計		59	41	66	31	19	114	5	335

*1)5cmKw.K L/42砲装備、*2)5cmKw.K L/60砲装備、*3)7.5cmKw.K L/24砲装備、*4)7.5cmKw.K40 L/43砲装備
(Thomas L.Jentz, Panzertruppen 1933-1942, Shiffer Military History, Atglen, PA, 1996及びB・ミューラー＝ヒーレブラント著『ドイツ陸軍 1933-1945年』[露語、モスクワ、2002年刊]に依拠して作成)

ドイツ軍夏季大攻勢開始時（1942年6月末〜7月初頭）の第17軍第57戦車軍団の戦力構成

師団名	データ集計日	Ⅱ号戦車	Ⅲ号戦車*1	Ⅲ号戦車*2	Ⅳ号戦車*3	指揮戦車	計
第13戦車師団	6月22日	15	41	30	12	5	103
SS「ヴィーキング」自動車化師団	6月27日	12	12	24	4	1	53
計		27	53	54	16	6	156

*1)5cmKw.K L/42砲装備、*2)5cmKw.K L/60砲装備、*3)7.5cmKw.K L/24砲装備
(Thomas L.Jentz, Panzertruppen 1933-1942, Shiffer Military History, Atglen, PA, 1996及びB・ミューラー＝ヒーレブラント著『ドイツ陸軍 1933-1945年』[露語、モスクワ、2002年刊]に依拠して作成)

7：戦闘の合い間のドイツ第1戦車軍所属Ⅳ号戦車F2型。1942年7月。この車両は灰色の標準塗装と幅広の黄色の帯模様の迷彩を施されている。(BA)

付記：車体前面と上部構造物前面には予備履帯が装着されているが、この部分の装甲は50㎜であった。実はその手前の傾斜した部分は20㎜の装甲厚しかなく弱点であった。G型からはここにも予備履帯が標準装備されるようになる。

8：農村の道路を走るⅢ号突撃砲F型。ドイツ第1戦車軍攻撃地帯、1942年7月。車体前部装甲板にT-34中戦車の履帯が増加装甲代わりに取り付けられている。(BA)
付記：Ⅲ号突撃砲F型は、やはりT-34やKVといった強力な戦車に対する優位を取り戻すため突撃砲の対戦車能力を向上するよう急ぎ開発された車体で、E型をベースに小改良を施し長砲身の43口径7.5cm砲を搭載していた。1942年3月から9月までに試作車1両と生産型359両が生産された。車体前面装甲は50mmであったが、後に増加装甲を装備して80mmに強化されている。写真の車体はまだ50mmのままである。普通、予備履帯はもちろん履帯の交換用に装備しているわけだが、T-34用では完全に増加装甲の代わりである。ちなみにこれは10mmの増加装甲に匹敵するといわれる。

ソ連軍司令部の計画
ПЛАНЫ СОВЕТСКОГО КОМАНДОВАНИЯ

　1942年の4月から5月の間にケルチとハリコフで壊滅的な打撃を蒙ったソ連軍部隊は、迅速に兵力を回復して新たな防衛戦へと態勢を整えることはできなかった。ソ連軍最高総司令部（スターフカ）はこの状況に鑑み、ブリャンスク方面軍（司令官F・ゴーリコフ中将）と南西方面軍（司令官S・チモシェンコ・ソ連邦元帥）、南方面軍（司令官R・マリノーフスキー中将）の隷下部隊に対して、攻勢活動を中止して一時的に防御態勢に移るよう命令した。

　ところが、守勢転移と予備兵力拡充に加えて、最高総司令部はブリャンスク方面軍司令官ゴーリコフ中将に対してはドイツ軍のまずオリョール部隊を、それからクルスク部隊を殲滅する攻撃活動も許可した。南西方面軍司令部もまた、ヴォルチャンスク方面での強力な反撃作戦計画を練っていた。これらの攻撃作戦の準備と実施は、部隊と司令部を堅固な防御態勢に整備するという課題から脇道に逸らせ、方面軍や軍の予備兵力を消耗させていった。

9：隷下戦車旅団のひとつを訪れたソ連第5戦車軍司令部。（左から）第11戦車軍団長A・ポポーフ少将、第5戦車軍司令官A・リジュコーフ少将、赤軍機甲局長Ya・フェドレンコ中将、E・ウサチョーフ連隊政治委員。ヴォローネジ地区、1942年6月。（ロシア中央軍事博物館所蔵、以下CAFMと表記）

赤軍戦車部隊
ТАНКОВЫЕ ЧАСТИ КРАСНОЙ АРМИИ

　1942年春、赤軍内に戦車軍団の編成が始まった[注6]。定数によると戦車軍団の編制は次の通りとされていた。

・3個戦車旅団（重戦車旅団1個：KV-1重戦車24両＋T-60軽戦車27両／中戦車旅団2個：T-34中戦車44両＋T-60軽戦車21両、もしくはT-34の代わりにイギリス戦車のMk.Ⅱ「マチルダ」かMk.Ⅲ「ヴァレンタイン」を保有する旅団もあった）
・自動車化狙撃兵旅団1個
・偵察大隊1個
・高射砲大隊1個
・ロケット砲大隊1個（通常、T-60軽戦車の車台に装着されたBM-8「カチューシャ」が配備されていた）
・各種補給・支援部隊
　（※戦車軍団1個の総兵力は、将兵7,800名、戦車181両、イギリス製装甲輸送車「ユニヴァーサル・キャリアー」19両、BM-8ロケット砲8基、45㎜及び76㎜砲32門、37㎜高射砲20門、82㎜及び120㎜迫撃砲44門）

　1942年の4月から5月にこのような戦車軍団が、方面軍内で11個、ソ連軍最高総司令部予備の中に14個編成された。方面軍内で編成される戦車軍団は普通、既存の戦車旅団をベースにしていたため、戦車の種類がばらばらな部隊がしばしば見受けられた。自動車化狙撃兵旅団は、予備兵力を用いたり、たとえばスキー大隊など何らかの部隊を再編成することによって創設されていった。最高総司令部予備の戦車軍団は通常、ゴーリキーやモスクワの中央機甲教習センターで新設される戦車旅団を基幹に編成された。最高総司令部予備戦車軍団は方面軍戦車軍団と異なり、きまって戦闘装備が均一で、定数を満たしていた。ソ連戦車軍団はまた、偵察部隊や修理装備、高射砲、通信装備が不十分という弱点を抱えていた。

　さらに、1942年5月にはソ連軍最高総司令部訓令に従って、赤軍最初の戦車軍が総合兵科軍管理部を基礎にして2個（第3及び第5）編成されている。各戦車軍の傘下には、戦車軍団2個、狙撃兵師団、独立戦車旅団（中戦車）、ロケット砲連隊、自動車大隊、高射砲大隊各1個、その他支援部隊があった。戦車軍の編制に戦車軍団と狙撃兵師団が含まれたことは、戦車軍の作戦目的によるものである。つまり、戦車軍は自ら敵陣を突破して、戦術上の成果を作戦レベルの規模に発展させる任務を負っていたのである。

[注6] 当時の赤軍が使用していたおもな装甲車両その他の概要は以下の通りである。（監修者）

Mk.Ⅱ「マチルダ」：イギリス軍の歩兵戦車Mk.Ⅱマチルダ Ⅱ。重装甲が強力でドイツ軍は手を焼いたが武装は2ポンド砲（40㎜砲）と貧弱で、機動力も劣っていた。マチルダはソ連にレンドリースにより1,084両が引き渡され、おもに歩兵支援に使用された。装甲の厚さは評価されたが、機動力の悪さ、特にスカートに雪や泥が詰まるので評判が悪かった。

Mk.Ⅲ「ヴァレンタイン」：イギリス軍の歩兵戦車Mk.Ⅲヴァレンタイン。マチルダの後継車としてイギリスのビッカース社が急いで開発した車体で、信頼性が高くバランスのとれた性能を持っていた。武装は当初2ポンド砲だったが、後に6ポンド砲（57㎜）、さらに75㎜砲にまで強化された。ヴァレンタインはソ連にレンドリースにより3,807両が引き渡されたが、ソ連軍ではマチルダより機動性が良好なことと、特に信頼性が高いことで好まれた。

装甲輸送車「ユニヴァーサル・キャリアー」：イギリス製の装甲運搬車ユニヴァーサル・キャリアーはカーデン・ロイド豆戦車から発展した車体で、人員、物資輸送、砲牽引車として使用された。この車両はソ連にレンドリースにより2,656両が引き渡された。ソ連軍では輸送、偵察、連絡に使用されたが、機動性、特に雪上性能が悪かったので、あまり評判はよくなかった。

BM-8「カチューシャ」：ソ連軍の有名なカチューシャロケットはトラックに搭載されたものが一般的である。BM-8は82㎜ロケット弾を使用し、一般に36連装発射機をZIS-6トラックに搭載していた。変わり種がT-60軽戦車を使用したBM-8-24で、戦車の砲塔を撤去したあとに、24連装ロケットランチャーを搭載していた（写真13参照）。

T-60軽戦車：T-40水陸両用戦車に代わって1941年7月から生産が開始されたもので、おおむねT-40から水陸両用能力を除いたものといってよかった。1943年までに5,915両が生産された。2人乗りの小型戦車で、武装は20㎜機関砲、最大装甲厚は35㎜、最大速度は45㎞/hであった。

T-70軽戦車：T-60軽戦車の武装と装甲を強化した発展型。T-60と並行して1942年に生産が開始され、1943年にかけて8,226両が生産された。小型で2人乗りであったが、武装は45㎜砲に、最大装甲厚は45㎜に増加していた。最大速度は45㎞/hであった。

KV-1重戦車：KV戦車は極めて重装甲の強力な戦車だったが、1941年型、1942年型と装甲強化を続けた結果、重量過多で機動力が極めて劣悪となってしまった。これを改善するために開発されたのが、KV-1Sであった。KV-1Sでは装甲を必要な部分以外で削って軽量化するとともに、エンジン、トランスミッションを改良していた。またキューポラを装備して視察能力を向上させ、乗員

配置を見直すなどの改良も盛り込まれていた。1942年8月から生産が開始され、1943年にかけて1,232両が生産された。

M3「リー」中戦車：第二次世界大戦の勃発でアメリカが急ぎ開発した中戦車。75㎜砲を搭載できる砲塔の設計が間に合わないため、車体スポンソンに限定旋回式に装備し、その上に2階建てのように37㎜砲を装備した砲塔を搭載していた。1941年4月から生産が開始された。6人乗りで、武装は75㎜砲、37㎜砲に7.62㎜機関銃を4挺も装備していた。最大装甲厚は51㎜、最大速度は41.8km/hである。ソ連には1,386両が引き渡された。多くがディーゼルエンジンを搭載したM3A3、M3A5であった。ソ連軍での評判は最低といって良く、特に高いシルエットは敵からいい的になるとして嫌われた。

M3「スチュアート」軽戦車：アメリカからレンドリースでソ連に送られた最初の戦車。もっとも、実際にはこれらはイギリス軍のストックから送られたものであったが。1933年に開発が開始されたT2軽戦車の発展型で、1940年7月に制式化された。3人乗りで、武装は37㎜砲、最大装甲厚は51㎜、最大速度は56.3km/hである。ソ連には1,676両が引き渡された。多くがディーゼルエンジンを搭載したM3A1であった。ソ連軍ではT-60やT-70よりは優れていると評価されたが、車高が高い点が不評であった。

74：大破したソ連戦車T-70とT-34「スパルターク」号（奥）。南方面軍、1942年7月後半。（ASKM）

1942年6月28日から7月23日にかけてのドン河大湾曲部での戦闘活動には、1個戦車軍（第5）と13個戦車軍団（そのうち3個は第5戦車軍の所属）が参加し、それは当時の赤軍戦車軍団兵力の半分に相当した。

1942年6月、7月の戦闘に使用された赤軍戦車は十分均一化されていた。その中核はT-34中戦車とT-60軽戦車であった。しかも、大半はスターリングラードの工場——スターリングラード・トラクター工場（T-34）と第264工場（T-60）で生産された車両が占めていた。多くの戦車旅団はスターリングラードで編成され、コンベアーから下ろされたばかりの戦車を受領していた。

ドン河の戦いにおいては、1942年6月に生産が開始された新型のT-70軽戦車がはじめて大量に使用された。他方、KV-1にとっては、7月の作戦はこの重戦車が大量使用された最後の戦いとなった。激戦の中で大半のKV重戦車は機械的な欠陥が原因で故障したため、その製造が中止され、改良型のKV-1Sの生産体制が整えられた。

イギリス戦車の使用はかなり限定的で、大量配備（15両以上）されていた戦車旅団の数は5〜6個に過ぎない。

逆にアメリカ戦車の使用は若干増えた。1942年5月末の前線において、アメリカ製のM3「リー」中戦車とM3「スチュアート」軽戦車で武装した赤軍戦車部隊は第114戦車旅団（赤軍内で最初にアメリカ戦車を受領）の1個だけであったのが、同年7月初頭にはさらに2個戦車旅団がアメリカ戦車を保有してドン河の大湾曲部で戦っていた。

**11：KV重戦車の野戦修理作業。
南西方面軍、1942年6月。（ASKM）**
付記：材木を組んだ応急のジブク
レーンがおもしろい。さすが森の
子ロシア人は、こうした応急機材
の使い方に慣れているようだ。

12：T-34中戦車の出撃準備を行う乗員。南西方面軍、1942年6月。この戦車は車体前部装甲板に増加装甲を装備している。（ASKM）
付記：大規模な再生修理を経た後の車体らしく、砲塔形状は「1942年型」であるが、車体部は機関銃防盾やキャタピラなど初期生産型の特徴を有している。

13：ドイツ軍に鹵獲されたT-60戦車車台のロケット砲BM-8-24。ドン河大湾曲部、1942年7月。このようなロケット砲は赤軍戦車軍団の親衛迫撃砲大隊に所属していた。
付記：BM-8に使用されている82mmロケット弾は、ロケット直径82mm、全長596mm、重量8kg、最大射程5,500mであった。

1942年7月初めの南西戦線
ОБСТАНОВКА НА ЮГО - ЗАПАДНОМ НАПРАВЛЕНИИ К ИЮЛЮ 1942 ГОДА

　ソ連軍最高総司令部（スターフカ）の1942年5月24日命令により、ブリャンスク、南西、南各方面軍の諸部隊は防御態勢に移った。これら3個方面軍はそれまでの戦闘で多大な損害を出していたものの、相対峙するドイツ南方軍集団に対して人員と兵器の数でなおも優勢に立っていた。1942年7月1日現在の3個方面軍は狙撃兵師団81個、騎兵師団12個、戦車旅団62個、自動車化狙撃兵及び狙撃兵旅団38個、要塞地帯9個を擁し、将兵171万5,000名、戦車約2,300両、砲及び迫撃砲1万6,500門、戦闘用航空機758機を数えた。さらに、この南西戦線には最高総司令部予備総合兵科軍5個が編成された。しかし、ソ連軍兵力の全体的優勢にもかかわらず、ドイツ軍は夏季攻勢の開始時までにそれぞれの主攻撃方面では兵員と兵器のはるかな優勢を確保することに成功していた。その上、ドイツ軍部隊はより機動性に富み、上空はドイツ空軍が支配していた。
　ブリャンスク方面軍はベリョーフからセイム川上流に至る正面320kmの地帯を防御し、右翼はトゥーラ・モスクワ方面を、左翼はヴォローネジ方面を覆うことになっていた。その編制には、4個総

14：KV-1重戦車の乗員が警報を受けて配置につこうとしている。ブリャンスク方面軍地帯、1942年6月。（ASKM）
付記：KV-1の前面装甲板と側面装甲板の溶接部から、その装甲板の厚さがわかるだろう。原型で75mmだった基本装甲は十分であったにもかかわらず、ドイツ軍の能力を過大評価した結果、1941年型では90mmに強化された。しかしこれは重量を増大させ、ただでさえ悪い機動力を悪化させることになった。

15：イタリア軍第52歩兵師団部隊が前線に向かっている。砲兵牽引車フィアットSpa TL37が大型重量貨物運搬用連結車を牽いている。南方軍集団地帯、1942年6月。(BA)

付記：ロシアとはるか国境も接していないイタリア軍がロシア戦役に参加したのはなんとも不思議だが、これはファシストのムソリーニの反共思想の賜物で、不承不承加わったハンガリーやスロヴァキアに比べてかなり積極的であった。ただしイタリア軍の装備は劣悪で、とてもまともにソ連軍と太刀打ちすることなどできなかった。

合兵科軍（第3、第13、第48、第40軍）のほかに、第1及び第16戦車軍団と第8騎兵軍団が含まれ、総兵力は狙撃兵師団29個、騎兵師団6個、狙撃兵旅団11個、独立戦車旅団9個、戦車軍団2個、騎兵軍団1個を数えた。ブリャンスク方面軍地帯には、第5戦車軍（戦闘車両641両）と第17戦車軍団の最高総司令部予備部隊も配置されていた。また、ドイツ軍の進撃が始まった翌日、つまり6月29日、最高総司令部は南西方面軍からブリャンスク方面軍の編制にさらに2個戦車軍団（第4及び第24）を移した。ただし、ブリャンスク方面軍地帯に集結した部隊は、オリョール～クルスク地区のドイツ軍部隊を殲滅する攻勢を準備していたが、それは結局実施に至らなかった。

ブリャンスク方面軍の全4個軍は第一線に配置され、方面軍司令官予備として第1及び第16戦車軍団がカストールノエの北に、第8騎兵軍団と第1親衛狙撃兵師団がエフレーモフ地区に、第284狙撃兵師団と第115及び第116戦車旅団がカストールノエ地区にそれぞれ控置されていた。方面軍司令官ゴーリコフ中将は前線中央部の第48軍と第13軍の地帯に主な注意を払い、そこの作戦密度は1個狙撃兵師団の担当正面が10km未満、前線1kmあたりの砲及び迫撃砲は20門に達した。

だが、ブリャンスク方面軍部隊は当時の戦況に適した態勢にはなかった。方面軍司令部はオリョール方面をより重要だと判断を誤り、そこに主力を集中させたのである。左翼のクルスク～ヴォロー

16：搭乗車の傍に立つ英雄戦車兵V・ハーゾフ（右）。彼は1942年の6月から7月にかけて、愛車を駆ってドイツ戦車23両を破壊した。1942年9月、スターリングラード郊外の戦いで戦死。1942年11月、彼には死後ソ連邦英雄の称号が授与された。（ASKM）

ネジ方面が襲われる脅威をソ連軍司令部は過小評価していた。この方面を担当していたM・パールセゴフ中将の第40軍は110kmの前線に布陣し、1個狙撃兵師団の平均正面は約16kmであった。当時の戦況は方面軍司令部と第40軍に防御兵力の創出と防御施設の建設を要求していた。しかし、第40軍第1梯団の狙撃兵師団はほぼ均等に配置され、第2梯団（狙撃兵師団1個、狙撃兵旅団2個）は最前線か

1942年6月28日現在のドイツ「ヴァイヒス」戦闘集団前線突破地区
（ソ連第15、第121、第160狙撃兵師団地帯）の兵力比

兵員・兵器	第1作戦梯団の兵力			方面軍及び軍予備を含む兵力		
	ドイツ軍	ソ連軍	兵力比	ドイツ軍	ソ連軍	兵力比
狙撃兵(歩兵)師団人員	44000	21000	2.1：1	86000	35000	2.5：1
砲及び迫撃砲	384	248	1.6：1	528	320	1.65：1
戦車	700	60	11.7：1	700	360	2：1
航空機				200		

（一般にソ連軍の各部隊規模は他国の同種部隊より小さいので、比較には注意が必要である：監修者注）

　ら40～60km離れたところに位置していた。パールセゴフ中将の隷下部隊は戦術縦深（師団・軍団規模の防御地帯）においても作戦縦深（軍・方面軍レベルの防御地帯）においても防衛線を構築せず、砲兵・対戦車予備部隊と対戦車防御地区は皆無であった。

　総じて、ブリャンスク方面軍のこれらの部隊と第40軍の防御態勢は苛酷な防衛戦の要求に応えるものではなかった。それだけでなく、6月23日の時点で方面軍司令官は第13軍と第40軍に防御態勢整備を下令していたところ、6月26日になるとドイツ軍進撃の現実性を疑っていた方面軍司令部はその賢明な決定を棄て、再び攻撃準備に着手したのだった。

　他方のドイツ軍司令部は、6月26日から28日の間にかなりの兵力を攻撃のために集中させ、攻撃軸に選定された方面では人員と兵器の大幅な優勢を確保した。たとえば、ソ連第13及び第40軍（前線180kmに狙撃兵師団13.5個を配置）に対してドイツ軍は21.5個師団からなる「ヴァイヒス」戦闘集団（歩兵4.5個師団、戦車4個師団、自動車化3個師団）[注7]を展開させた。

　ドイツ軍兵力がもっと優勢だったのは主攻撃方面である。ソ連第13及び第40軍連接部の正面45kmの防御戦区にドイツ軍は第1梯団に戦車師団3個（第11、第9、第24）と自動車化師団1個（「グロースドイッチュラント」）、歩兵師団2個（第387、第385）、軽歩兵師団1個（第6）を集結させていた。これに対峙するソ連軍部隊は、わずかに第13軍第15狙撃兵師団と第40軍第121及び第160狙撃兵師団のみであった。

　南西方面軍（第21、第28、第38、第9軍／第3及び第5騎兵軍団

1942年6月28日現在の南西方面軍地帯における独ソ両軍の兵力

部隊の種類	南西方面軍	ドイツ第6野戦軍及び「クライスト」戦闘集団の一部
狙撃兵／歩兵師団	32	24
騎兵師団	7	―
戦車師団	―	2
自動車化師団	―	1
戦車軍団	4	―
戦車旅団	10	―
独立戦車大隊	1	―
航空機	200	600

[注7] Shiffer刊『Army Group South』399ページに掲載の表では、歩兵6個強師団、戦車3個師団、自動車化2個師団など、異なるデータが掲載されている。（監修者）

1942年6月28日現在のソ連第21軍左翼の前線1kmあたり作戦密度

兵器	ドイツ軍	第21軍左翼	独ソ戦力比
火砲	18	6	3：1
迫撃砲	38	18	2.1：1
機関銃	20	11	2：1
戦車	350	130	2.7：1
航空機	600	200	3：1

／第4、第13、第14、第22、第23、第24戦車軍団）は、ポクローフカ～ベールゴロド～クピャンスク～クラースヌイ・リマンの330kmに及ぶ線に展開し、やはり最高総司令部の指示に従って防御態勢に移行していた。全4個軍と第3親衛騎兵軍団は第1梯団にあり、方面軍司令官予備としては第4及び第24戦車軍団がノーヴイ・オスコール地区に、第14戦車軍団はクレメンナーヤの北東に、第133、第304、第333狙撃兵師団はスヴァートヴォの東に、第244狙撃兵師団がスタロベーリスク地区にそれぞれ待機していた。

　6月29日に第4及び第24戦車軍団がブリャンスク方面に移されたことを考えると、南西方面軍司令官チモシェンコ元帥が主力を集中させたのは中央部であり、翼部ではなかったことがはっきりわかる。南西方面軍の作戦密度は全体で狙撃兵師団1個平均約9kmであるが、中央部の密度は6～8kmに達したのに対して、右翼の第21軍地帯では1個狙撃兵師団の正面は13kmまで広がった。

　南西方面軍第21軍の前方に展開したドイツ軍部隊は、第8、第17、第29、第51軍団と第40戦車軍団からなる第6野戦軍で、計20個師団を数えた（このうち歩兵師団は17個、戦車師団は2個、自動車化師団は1個）。さらに、前線左翼には「クライスト」戦闘集団の一部（ドイツ歩兵師団4個とルーマニア歩兵師団3個）が配置されていた。

　このように、1942年6月30日現在、南西方面軍の前にドイツ軍司令部は歩兵24個、戦車2個、自動車化1個の計27個師団を持っていた。南西方面軍参謀部は相対する敵兵力の評価を誤っていたことを指摘しておかねばならない。方面軍参謀部では、前方の敵は歩兵

1942年6月30日現在の南西方面軍第38軍戦車部隊の戦力構成

部隊名	KV-1	T-34	T-60	Mk.II マチルダ	Mk.III ヴァレンタイン	計
第3戦車旅団	1	2	14	—	—	17
第13戦車旅団	—	—	5	—	1	6
第36戦車旅団	5	1	13	1	9	29
第133戦車旅団	—	—	—	—	—	—
第156戦車旅団	2	—	6	—	—	8
第159戦車旅団	—	—	20	—	28	48
第168戦車旅団	3	10	17	—	—	30
第92独立戦車大隊	7	—	7	—	23	37
計	18	13	82	1	61	175

（出典：ロシア国防省中央公文書館フォンド229、ファイル管理簿157、ファイル18、582ページ）

1942年6月29日現在のソ連第28軍戦車部隊の戦力構成

部隊名	KV-1	T-34	M3軽	T-60	計
第6親衛戦車旅団	5	7	—	16	28
第65戦車旅団	24*1	—	—	23*1	47
第90戦車旅団	7*2	3	15*2	15*2	40
計	36	10	15	54	115

*1)内2両は修理中、*2)内1両は修理中
(出典:ロシア国防省中央公文書館フォンド382、ファイル管理簿8455、ファイル4、55ページ)

　師団18個と歩兵旅団3個、つまり実際よりも6個師団少なめに見積もっていた。それゆえ、方面軍のおもな注意は中央部と左翼に向けられたのであった。
　ドイツ師団の編制定数はソ連師団のそれより大きかったが、南西方面軍は人員と兵器の数では敵に譲らなかった。
　そのうえ、南西方面軍司令官の指揮下には5個の要塞地帯(第52、第53、第117、第118、第74)があり、そこには独立機関銃・砲兵大隊32個が配置されていた。これらの数字はみな、南西方面軍司令官が陣地を堅持する現実的可能性を持っていたことをはっきり示している。しかし、敵兵力の評価が不十分で、主攻撃方面の推定が不正確であったこと、方面軍と各軍の防御縦深が浅かったこと、整備された防衛線が欠けていたことなどが南西方面軍防御作戦の成功のチャンスをかなり縮小させた。
　とりわけ状況が悪化していたのは南西方面軍右翼の第21軍戦区

17:ドン河大湾曲部の道路を走るボルグヴァルトType B3000 3tトラック。1942年7月。(BA)
付記:ボルグヴァルトType B3000は、各種タイプ合わせて1942年から1944年に生産された。エンジンにはガソリンエンジン(出力78馬力)、ディーゼルエンジン(出力75馬力)型がある。満載重量6,190~6,610kg、最大速度70~80km/hであった。

である。ドイツ軍司令部は主攻撃を担う主力をソ連第21軍左翼に集結させ、ここに大幅な兵力の優勢を確保した。この正面15kmの前線(ネジェゴーリ川とヴォールチヤ川の間)で第21軍部隊は戦車、砲、航空機の数においてドイツ軍にほぼ三分の一の劣勢に置かれていた。

このように、ドイツ軍の大攻勢が始まるまでのブリャンスク方面軍と南西方面軍は兵力の総数においてドイツとその同盟国の軍隊に劣りはしなかったものの、突破戦区ではドイツ軍司令部はかなりの優勢を確保した。

とはいえ、ブリャンスク方面軍と南西方面軍は当時保有していた兵力をもってしても、堅固な防御を築き、敵の突破を阻止することはできたはずである。だが、方面軍と大半の軍の作戦隊形が浅く、戦区の工兵技術的整備も劣弱で、対戦車地区や予備兵力が欠如し、敵の兵力と企図の推定が誤っていたこと……これらすべてがその後の戦闘でブリャンスク、南西両方面軍部隊に厳しく影響することになる。

265kmに及ぶブルーシンからタガンローグに至る部分には南方面軍の4個軍(第37、第12、第18、第56)が配置されていた。さらに1個軍(第24軍:狙撃兵師団5個/戦車旅団1個/自動車化狙撃兵旅団1個)が方面軍予備としてあった。

1942年6月29日現在のソ連第9軍戦車部隊の戦力構成

部隊名	T-34	BT・T-26	T-60	Mk.II マチルダ	Mk.III ヴァレンタイン	計
第12戦車旅団	2	—	—	—	—	2
第71独立戦車大隊	—	20	24	2	5	51
第132独立戦車大隊	3	—	3	1	4	11
計	5	20	27	3	9	64

(出典:ロシア国防省中央公文書館フォンド4015、ファイル管理簿106、ファイル221、12ページ)

1942年7月1日現在のソ連南方面軍戦車部隊の戦力構成[*1]

部隊名	KV-1	T-34	Mk.II マチルダ	Mk.III ヴァレンタイン	BT	T-26	KhT-26[*2]	T-60	T-37	計
第121戦車旅団(37A)	8	18	—	—	—	—	—	20	—	46
第64戦車旅団(18A)	8	—	—	—	—	—	—	—	—	8
第63戦車旅団(56A)	9	2	—	—	14	—	6	19	5	55
第140戦車旅団[*3]	9	20	—	—	—	—	—	18	—	47
第62独立戦車大隊[*3]	5	1	—	—	18[*4]	12[*4]	—	—	—	36
第75独立戦車大隊[*3]	5	—	—	—	11	—	—	—	—	16
第2予備戦車大隊[*3]	1	1	1	1	—	—	—	2	—	6
計	45	42	1	1	29	26	6	59	5	214

(〜A)—戦車部隊所属軍
[*1]1942年7月28日時点の南方面軍残存戦車は59両
[*2]火焔放射戦車
[*3]方面軍予備として待機
[*4]戦車は埋設配置
(出典:ロシア国防省中央公文書館フォンド228、ファイル管理簿701、ファイル1044、21ページ)

この方面では最も大きな敵兵力がソ連第37軍の前方に集結していた。ドイツ第1戦車軍だけでも、ここに戦車師団3個、自動車化師団1個、ドイツ歩兵師団7個、ルーマニア歩兵師団4個を保有していた。そのうえ、ソ連第37軍を相手にドイツ第17軍とイタリア第8軍も戦闘を実施し、ヴォロシロフグラード方面を攻めてロストフに戦果を拡大させることになっていた。ドイツ第17軍の一部はルーマニア4個師団と連携して、アゾフ海沿岸をロストフに向けて進撃する計画であった。

　ドン河大湾曲部で始まった戦闘活動にはソ連側からは狙撃兵師団74個と戦車軍団13個、戦車旅団37個、要塞地帯6個、アゾフ小艦隊ドン支隊の合計131万名（戦闘に随時投入された最高総司令部予備部隊を除く）が参加した。このことから、南方軍集団はいかなる点においてもブリャンスク、南西、南の3個方面軍部隊に対して大きく優勢だったわけではなく、戦車の数においては倍も劣勢であったといえる。

18：前線に向かって行軍中のフランス製戦利ルノー・トラック。南方軍集団、1942年7月。（BA）
付記：車両不足に悩むドイツ軍は、このように戦利品の車両を大量に使用した。特にモータリゼーションの進んでいたフランスの車両は、ドイツによるフランス占領後も生産が続けられ、その装備の一翼を担った。

19

20

19：ゴルシェーチノエ地区を行軍中のSd.Kfz.233重装甲偵察車（7.5cm）。「グロースドイッチュラント」師団、1942年7月。（ASKM）
付記：Sd.Kfz.231 8輪重装甲偵察車をベースに24口径7.5cm榴弾砲を搭載した火力支援車両である。1942年から1943年までに109両が生産され、1942年10月にSd.Kfz.231/232車台から10両が改造された。

20：ヴォローネジ地区のステップ道路を走る「グロースドイッチュラント」師団所属のSd.Kfz.232 8輪重装甲偵察車（無線型）。1942年7月。後部装甲板に白いヘルメットの師団章がはっきり見える。（ASKM）
付記：トラックなどの改造でなく、8輪駆動8輪転舵の高性能専用車台を使用した本格的装甲車で、1936年から1943年9月までに、無線機の装備が簡素なSd.Kfz.231を含めて607両が生産された。後ろ向きに走っているのがおもしろいが、本車は前後に操縦席を有しており、後ろ向きでも前向き同様に高速走行することができた。この機能はもともとUターンが困難な狭隘路等でそのまま後退して逃走するような場合に使用されるものであった。

新たな試練の前夜
НАКАНУНЕ НОВЫХ ИСПЫТАНИЙ

　当初、ドイツ軍司令部は「ブラウ作戦」の開始を1942年6月15日に予定していた。しかし、5月の末にはすでに、部隊の準備を予定の期限までに完了させることができないことが明らかとなった。その上、ヴォルチャンスクとセヴァストーポリでそれぞれ進められていた作戦も、最初の予定をはるかに上回る時間を要した。総統ヒトラーとドイツ陸軍司令部の間では、最も意外な形で中断された作戦の開始時期について意見がぶつかり合った。

　6月19日、ドイツ第23戦車師団の予定進路を視察中の同師団参謀部作戦課長R・ライヘル少佐の乗った飛行機が方向を見失い、ソ連軍展開地区上空で撃墜された。操縦士を含む2名の将校は墜落時に死亡したが、ライヘル少佐は生き残った。少佐は書類を破棄しようとしたが、銃撃戦で射殺された。この運命のいたずらによって、ドイツ軍の機密資料──「ブラウ作戦」の実施に関する命令書類、地図──がソ連軍司令部の手に渡ったのだった。

　このときすでに攻勢準備はほぼ完了し、計画の変更はあまりに多くの時間を要することから、ドイツ国防軍司令部は決断した──策定済みの計画に則り、可及的速やかに攻撃すべし、と。そのために、攻勢支援を任務としていた第8航空軍団部隊は、依然として戦闘が続いていたセヴァストーポリ郊外から急いで離脱し始めた。だが、第8航空軍団司令官の報告によると、その隷下部隊が態勢を整えるためには少なくとも1週間が必要だった。

　そうこうしている間、ライヘル少佐事件の緊急捜査が進められていた。G・ゲーリング自ら主席判事を務めた軍事法廷は第23戦車師団司令官の無罪は認めたものの、第40戦車軍団のF・シュトゥンメ司令官と参謀長は禁固刑に処せられた。ただし、やや後に両名とも特赦された。この3名は攻勢開始の直前に司令部から更迭されたが、まさに彼らの部隊こそが攻勢の中心的役割を果たさねばならなかったのだ。

　クリミア半島とハリコフ郊外での赤軍の敗北はソ連軍最高総司令部（スターフカ）に1942年の夏季戦略計画の見直しを余儀なくさせるものと思われた。しかも、6月20日には南西方面軍事会議に届いていた、ライヘル少佐から押収したドイツ軍文書の内容に、S・チモシェンコ元帥も疑問を挟む余地はまったくなかった。ところが、スターリンは南西方面軍司令部を安心させるようにこう言った──「（押収文書は）敵の作戦計画のほんの一部を明らかにするものでしかない。同様の計画は他の戦線についても存在すると思われる。ドイツ側は開戦1周年に何かを打ち上げようとしており、それで諸作

21：愛車T-34の傍に立つ、赤星章を受勲した戦車兵ボブロフ。

戦をこの日に合わせようとしているものと我々は考える」。
　さらに、1942年6月23日のソ連情報局［注8］は次のように報道している。
「春季・夏季の作戦に向けてドイツ軍司令部はもちろん自らの軍隊を訓練し、部隊にある程度の予備の人員と物資を編入した。しかしそのためにはヒットラー組のボス連中は、武器を手に持つことのできる人間は一切合切、大きな身体的障害をもつ兵役限定適格者までかき集めねばならなかった。冬の間中ヒットラー司令部は、春には『赤軍に対する決定的攻勢』を開始するとドイツ人民に対して一度となく約束してきた。そして、春は過ぎ去った。だが、いかなるドイツ軍の攻勢も実現しなかった……。もちろん、かくも長大な前線では……ヒットラー司令部は個々の戦区でかなりの兵力を集結させる力をまだ持っており……一定の成果を獲得することはできよう。

［注8］ソ連の国策通信社。（訳者）

たとえば、ケルチ地峡でのように。しかし、ケルチ地峡におけるのと同程度の成功は、まったくもって戦争の行く末を決するようなものではない。……1942年のドイツ軍、それは戦争が始まったときの軍隊ではない。ドイツ軍の精鋭部隊はその大半が粉砕された。正規士官層は赤軍により掃討されるか、占領地区の市民に対する略奪と暴力で腐敗しきっている。下士官層はお決まりのように粉砕され、今や大量の無教育な兵でもって満たされつつある。今のドイツ軍は、昨年の規模のような攻勢作戦を実施できる状態にはない」。

スターリンの言葉やソ連情報局のニュースから明らかな通り、ソ連の政治・軍事指導部はドイツ軍による独ソ戦線南部での大規模攻勢実施は不可能と判断していた。

ところが、ドイツ指導部もまたソ連指導部同様、敵の力を過小評価していた。1942年6月25日、「ブラウ作戦」準備の進捗状況が話し合われていた席でヒトラーは言った。「これまでのドイツ軍の攻勢作戦の結果、敵は約80個師団を失った。ロシア人の抵抗力が昨年に比べてはるかに弱まったという見方は正しかった。それゆえ、もしかしたら、『ブラウ作戦』に参加予定の戦車部隊をすべて使用する必要性はないかもしれない」。

その前日には、ヒトラーは自分の「ウォルフシャンツェ」の本営で開かれた会議では次のように発言している。「ロシア人の抵抗は非常に脆弱かもしれない。それゆえ、中央軍集団による攻勢についても考える必要がある」。

第三帝国指導部のこれほどの自信は、東部戦線での新たな攻勢を準備する前にドイツが達成した軍事的、経済的成功に基づいている。1942年春の軍事産業界代表者たちのある会議でドイツ国防軍参謀部軍事経済局長G・トーマス将軍は述べた。

「我々は昨冬を、ソヴィエト・ロシアに対する甚大なる打撃を確かなものとするために使った。その目的で我々は、軍事産業の主力を攻勢準備にあたる陸軍の手に委ねた。……我々はロシアに対する新たな作戦を実施する必要性を認識しなければならない。ボリシェヴィキの戦力を完全に打ち砕き、最終的に葬り去るために」。

22：戦闘の合い間に休憩中のドイツ・オートバイ兵。ヴォローネジ地区、1942年7月。BMW R75オートバイの車輪には第24戦車師団の部隊章が見え、フェンダーにある番号の下にはオートバイ大隊の戦術識別章が見える。(BA)

付記：BMW R75は、ドイツ軍を代表する大型オートバイで、1940年から1944年に生産された。排気量746ccの2気筒4ストロークガソリンエンジン（出力26馬力）装備、サイドカーを含めて重量670kg、最大速度92km/hであった。

23：ドイツ工兵隊が25t分解橋を川に架設している。第4戦車軍地帯、1942年7月。このような橋は重兵器を中小河川や窪地を迅速に通過させることを可能にした。(BA)

24：「グロースドイッチュラント」師団戦車連隊所属のIV号戦車F2型の縦隊が前線に向かって行軍している。ヴォローネジ地区、1942年7月。これらの車両はそれぞれ、1番と5番の戦術番号を持ち、後部左フェンダーには師団章がはっきり見える。（ASKM）

付記：車内は暑く窮屈なのか、車長と砲手、装填手の3人がすべてハッチから身を乗り出している。初期のドイツ戦車の特徴として、ほぼすべての乗員にハッチが用意されていた。

第2章
「ブラウ作戦」の実施
ОПЕРАЦИЯ《БЛАУ》

　1942年6月28日の黎明、ブリャンスク方面軍の第13軍と第40軍の連接部に対してドイツ軍は戦闘偵察を実行した。だが、0800時にはドイツ軍の攻撃はすべて撃退された。このときまでにブリャンスク方面軍の航空偵察は、第13軍と第14軍の向かい側に敵の歩兵と戦車が集結しているのを確認した。

　ドイツ軍は戦闘偵察の後、準備砲撃と準備空襲に移った。ドイツ軍機は30〜50機ずつの編隊を組んで、ソ連第13軍第15狙撃兵師団左翼陣地と第40軍第121及び第160狙撃兵師団右翼陣地、さらに両軍とブリャンスク方面軍の予備部隊を襲った。

　1000時、ドイツ軍は攻勢を発起した。主攻撃を担当したのは、クルスク〜ヴォローネジ間の鉄道の南でドン河に向けて行動していた、G・ホト大将率いる第4戦車軍の隷下部隊である。第4戦車軍の南側ではヤーヌィ大将指揮下のハンガリー第2軍諸部隊が、また北側ではドイツ第55軍団がスタールイ・オスコールに向かっていた。

　わずか45kmの第4戦車軍突破地区にドイツ軍は3個戦車師団（第

25：ドイツ兵がぬかるみに擱座したメルセデス・ベンツType L3000S（4×2）トラックを引き出そうとしている。南方軍集団地区、1942年7月。車体番号（WL34548）からして、この車両は空軍（ルフトヴァッフェ）の一部隊に所属していた。ドアと右フェンダーに部隊章が見える。（I・ペレヤスラーフツェフ氏提供）
付記：フロントのベンツマークがはっきり見える。メルセデス・ベンツL3000Sは、4×2の3tクラスの中貨物車で、1940年から1942年まで生産された。

9、第11、第24)と3個歩兵師団、1個自動車化師団を投入した。この日の終わりにはブリャンスク方面軍の防御は第13及び第40軍の境目で破られた。ドイツ戦車群はソ連軍防御地帯をカストールノエ方向に8〜12km前進し、この地区での赤軍の部隊指揮を混乱させた。

後にM・カザコーフ上級大将は回想している——

「捕獲したドイツ第40戦車軍団司令官訓令書類から我々は次のことを知った。敵は攻勢開始を企図している。……方面軍参謀部、各軍司令部、各部隊はそれに向けて準備してきた。入念に相互連携行動が調整され、特に第13及び第40軍の連接部に注意が払われた。

第40軍司令官のM・パールセゴフは熱中しやすいタイプの人間である。彼は時折、状況の細かな分析において忍耐が足りない。私には今、方面軍司令官と彼とのある会話が思い出される。

——『自分の防御をどう評価していますか?』F・ゴーリコフが尋ねた。

——『ネズミ1匹たりともすり抜けることはできないでしょう』、自信をもって軍司令官は答えた」。

さらに、カザコーフの回想からは1942年6月28日にかけての攻勢作戦計画の作業に彼が夜を徹した様子が伺える——

「我々のこの計画へののめり込みようは、時折そのいろいろなヴァリエーションが現実の出来事のように感じられるほどだった」。

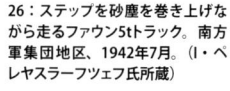

26:ステップを砂塵を巻き上げながら走るファウン5tトラック。南方軍集団地区、1942年7月。(I・ペレヤスラーフツェフ氏所蔵)

33

1942年6月28日～7月13日のブリャンスク方面軍第16戦車軍団の戦力構成と損害

部隊名	戦車の種類	6/28の保有数	全損	修理廠へ後送	7/13の保有数
第107戦車旅団	KV-1	24	7	17	―
	T-60	27	5	3	19*1
	小計	51	12	20	19
第109戦車旅団	T-34	44	25	13	6
	T-60	21	3	16	2
	小計	65	28	29	8
第164戦車旅団	T-34	44	37	―	7*2
	T-60	21	10	―	11*2
	小計	65	47	―	18
合計*3		181	87	49	45

*1) このうち15両は修理中
*2) 全車両修理中
*3) 軍団内には戦車のほか、BA-10及びBA-20装甲車10両（軍団管理部中隊と第15自動車化狙撃兵旅団に各5両）と英国製装甲輸送車「ユニヴァーサル・キャリアー」19両（全戦車旅団に各3両、第15自動車化狙撃兵旅団に10両）が配備されていた。当該期間に「ユニヴァーサル・キャリアー」8両が全損。
（出典：ロシア国防省中央公文書館フォンド3414、ファイル管理簿1、ファイル23、46ページ；同フォンド3414、ファイル管理簿1、ファイル14、8・37・46・64ページ）

　ブリャンスク方面軍司令官は予備兵力の中から、第16戦車軍団をドイツ軍の突破を封殺するため、また第115及び第116戦車旅団を第40軍の増援にそれぞれ抽出した。

　6月28日の夕方、ソ連軍最高総司令部（スターフカ）の決定によって、ブリャンスク方面軍の強化を目的にスタールイ・オスコール地区に南西方面軍の編制から第4及び第24戦車軍団が、またヴォローネジからカストールノエ地区に第17戦車軍団が差遣された。さらに、ブリャンスク方面軍の編制に4個戦闘機連隊と3個襲撃機連隊が移された。

　これほど大規模な戦車兵力の投入は、ドイツ軍の進撃を食い止めるだけでなく、形勢の回復をも可能にするものだった。にもかかわらず、ブリャンスク方面軍司令官も配下の軍司令官たちも、到着する予備兵力を有効に使いこなすことができなかった。彼らの指揮所は隷下部隊から70～100kmも離れていたため、到着部隊に対する指示は、地図にのみ基づいて電話で行われるのがほとんどで、連絡将校を通じて伝えられればまだいいほうだった。

　たとえば、パールセゴフ第40軍司令官は後方奥深いブイコヴォに司令部を構えていた。彼も、また彼の代理たちも誰ひとりとして、激戦を展開する狙撃兵師団に顔を見せたことはなかった。方面軍予備から到着した第115及び第116戦車旅団でさえ、任務は軍司令官から直接ではなく、連絡班を通じて受領したのだった。

　6月29日の朝は大雨が降り、ドイツ戦車の活発な動きをいくらか足止めした。しかし午後になると、ドイツ軍は進撃を再開し、準備砲撃と準備空襲の後、ソ連第15、第121、第160狙撃兵師団の抵抗を打ち砕いた。そして夕刻までには、ドイツ軍突撃部隊はヴォロヴォ地区でクシェーニ川に進出し、そこでソ連第16戦車軍団部隊

27：路上のドイツ第17軍自動車縦隊。手前から順に、オープンキャビネットのフォードModel V8-51、ビューシング-NAG Type G31、戦利ソ連製トラックGAZ-AAが並んでいる。ロストフ・ナ・ドヌー地区、1942年7月。（ASKM）

付記：実に種々雑多な車両群で、ドイツ軍の車両不足の状況を象徴しているようだ。フォードModel V8は、4×2の3tクラスの中貨物車で、1939年から改良が重ねられ、1945年まで生産された。ビューシング-NAG Type G31は、6×4の1.5tクラスの軽不整地用貨物車で、1932年から1935年まで生産された。GAZ-AAはフォードの1.5t貨物車をベースにした民間用GAZ-MMトラックを簡略化し、1934年から生産が開始された車体で、4×2の1.5tクラスの軽貨物車である。

と衝突した。この軍団はソ連第40軍第2梯団（第111及び第119独立狙撃兵旅団と第6狙撃兵師団）とともにクシェーニ川東岸に展開していた。そして、執拗な戦闘が始まった。

　6月29日の夕方、少数のドイツ戦車部隊が第6狙撃兵師団の防御を破って、第40軍司令部があるブイコヴォに迫った。敵戦車の出現に司令部は無秩序とパニックに陥った。軍司令官N・パールセゴフ将軍は参謀部の一部とともにカストールノエの南東に移ったが、それとともに隷下部隊の統制を失った。

　また、この日のドイツ軍は北東方向のリーヴヌィと南東方向のチムに突破の勢いを拡大させようとも努めたが、それは成功しなかった。この日リーヴヌィの南東では、ソ連第13軍部隊が際立った粘り強さを発揮した。方面軍中央部にいた第40軍部隊も陣地を固守した。ただし、チム地区では右翼を折り曲げざるをえなかったが。

　このように、ドイツ軍は2日間の進撃でかなりの成果を上げ、ソ連第13及び第40軍の連接部の防御を正面40kmにわたって突破し、35〜40kmも奥に突き進んだ。ブリャンスク方面軍部隊はこの間、送り出された予備部隊が集結する余裕もなく、敵に反撃を加えることができなかった。

　ドイツ軍突破部隊を殲滅するためには、北方からは第1及び第16戦車軍団がリーヴヌィ地区を、また正面からは第4、第24、第17

1942年6月26日夕刻現在のソ連第4戦車軍団の保有戦車

部隊名	KV-1	T-34	T-70	T-60	計
第45戦車旅団	29	—	4	26	59
第47戦車旅団	—	8	13	17	38
第102戦車旅団	—	18	13	17	48
計	29	26	30	60	145

（出典：ロシア国防省中央公文書館フォンド3312、ファイル管理簿1、ファイル13、25ページ）

の各戦車軍団がゴルシェーチノエ地区をそれぞれ出発することになった。今やブリャンスク方面軍にはドイツ軍突破部隊を粉砕し、形勢を回復させる力が十分備わった。

　ゴルシェーチノエ地区を発った3個戦車軍団は、Ya・フェドレンコ戦車軍中将の指揮下に1個の作戦集団に統合された。彼は赤軍機甲総局局長であり、戦車部隊の活動調整を支援するために前線にやって来たのだった。

　ソ連軍最高総司令部はブリャンスク方面軍の活動に不満であった。6月30日深夜、最高総司令官I・スターリンはブリャンスク方面軍司令官F・ゴーリコフ将軍と参謀長M・カザコフ将軍に直通電話で次のように語った——

　「諸君には今1,000両以上の戦車があるのに、敵には500両もない……。敵の3個戦車師団が活動する前線に諸君は500両以上の戦車を集めたが、敵は300から350両の戦車がせいぜいだ。すべては今や、これらの戦力を使用、指揮する諸君の手腕次第である……。

　我々が心配するのはふたつの点だ。ひとつは、クシェーニ川とチム北東地区における諸君の方面軍の脆弱な態勢だ。我々がそれを危惧するのは、敵は場合によっては第40軍の後方に打撃を加え、友軍部隊を包囲するかもしれないからだ。次に我々が不安なのは、方面軍のリーヴヌィ市南方の脆弱な態勢だ。ここでは敵は北に攻めて、第13軍の後方に向かうかもしれない。この地区においては諸君のところでカトゥコーフ（第1戦車軍団）が行動するだろうが、第2梯団にカトゥコーフはしっかりした兵力はまったくもたない。諸君はふたつの懸念に現実性があると思うかね、それともこれらに対処できると考えているかね？

　諸君の仕事において最悪の許し難い点は、パールセゴフ軍（第40軍）とミシューリン及びバダーノフ戦車軍団（第4及び第24戦車軍団）との連絡がないことだ。無線連絡を無視している限り、諸君には何の連絡もなく、方面軍全体が無秩序な寄せ集めの様相を呈することだろう。なぜに諸君はこれらの戦車軍団との連絡をフェドレンコを通じて行わなかったのか？」。

　確かに、ゴルシェーチノエ地区において、ドイツ軍部隊には戦車は500両もなく、他方のブリャンスク方面軍戦車部隊の戦闘車両は600両以上を数えた。ブリャンスク方面軍司令官に対しては、ゴル

28:「グロースドイッチュラント」師団所属のⅢ号突撃砲F型が射撃陣地を変えている。ヴォローネジ地区、1942年7月。ベースが灰色の車両に黄色の枝分かれ迷彩がほどこされ、白色で車体番号274が描かれている。
付記：Ⅲ号突撃砲F型だが、48口径砲が搭載されていることに注目。これは359両生産されたうちの31両にだけに装備されていた。

シェーチノエ地区の戦車軍団の指揮を統合し、果敢な行動をとらせるよう勧告された。また、この直通電話の会話では、第40軍の中央部及び左翼の諸部隊を後退させる許可はゴーリコフ将軍には与えられなかった。なぜならば、第40軍の防御地帯後方には防衛線が用意されていなかったからである。

ソ連第1及び第16戦車軍団の活動
БОЕВЫЕ ДЕЙСТВИЯ 1 И 16-ГО ТАНКОВЫХ КОРПУСОВ

　6月30日、戦闘は新たな勢いを増した。ドイツ軍はソ連第119及び第111独立狙撃兵旅団と第6狙撃兵師団の抵抗をクシェーニ川の線で乗り切った。この日、リーヴヌィ地区からクシェーニ川左岸沿いにM・カトゥコーフ少将の第1戦車軍団が攻勢に移った。クシェーニ川とオルィーム川の間で激戦が繰り広げられた。ソ連第1戦車軍団は南に5km前進することができたが、やがてドイツ軍の砲兵射撃と空襲とで足停められ、ソ連第13軍と第40軍の連接部で防御に転じた。

　M・パーヴェルキン少将率いる第16戦車軍団部隊は、1942年6月29日に戦闘に突入した。この日は第107及び第164戦車旅団が第15自動車化狙撃兵旅団の防御地帯で戦闘に投入され、第109戦車旅団は予備として待機した。終日これらの戦車旅団はクシェーニ川を渡河しようとするドイツ軍部隊を撥ね返していたが、常に敵機の爆撃に曝され続けた。この日の激戦でソ連戦車旅団は15％に上る戦車を失いながら、敵の戦闘車両18両を破壊した。

　翌日、第16戦車軍団は新たな課題を受領した——クシェーニ川の

29：戦闘配置についたT-34中戦車は、おそらく第13戦車軍団の所属車両と思われる。1942年6月。
付記：「1942年型」と分類される車体である。

ミハイル・エフィーモヴィチ・カトゥコーフ（1900年〜1976年）
1919年赤軍入隊。1922年モギリョーフ歩兵科下士官教習、1927年「ヴィーストレル」歩兵科士官教習、1935年レニングラード戦車科指揮官（大尉以上）職能向上教習修了。1940年〜第22機械化軍団第20戦車師団長、1941年9月〜第4（第1親衛）戦車旅団長、1942年5月〜第1戦車軍団長。戦後、駐独ソ連軍集団軍司令官、戦車・機械化軍司令官、1955年〜ソ連国防省総監部総監。戦車軍元帥（1959年）、ソ連邦英雄（1944年9月23日、1945年4月6日）。

ミハイル・イヴァーノヴィチ・パーヴェルキン
1900年生まれ。1920年赤軍入隊。1938年〜第20戦車軍団第6戦車旅団長。大祖国戦争（ソ連・ロシアでの対独第二次世界大戦の呼び方：訳者注）期は第16戦車軍団長、クリミア方面軍、ザカフカス方面軍、第3ウクライナ方面軍の戦車・機械化軍司令官を歴任。戦後ゴーリキー機甲教習センター所長、モスクワ機甲教習センター所長を経て、1955年予備役に退役。

渡河に成功したノーヴイ・ポショーロク地区の敵を襲撃、掃討せよ。しかし、絶え間ない敵機の空爆に遭ってこの任務を果たすことはできなかった。第107戦車旅団だけでもこの日の戦闘で14両のKV-1重戦車を喪失した（この内7両は回収に成功）。

1942年7月2日、ヴォーロヴォ〜ヴァシーリエフカ地区でソ連第540軽砲連隊の支援を受けた第109及び第164戦車旅団がドイツ第4戦車軍第11戦車師団の主力と遭遇した（ドイツ側の戦闘参加車両は最大80両）。ここでは終日激戦が続き、双方に大損害が出た。第11戦車師団に所属していた捕虜の上等兵の自白によれば、この日の終わりに、彼の中隊にあった17両の戦車のうち「戦闘可能な状態に残ったのはわずか8両」に過ぎなかった。しかし、第16戦車軍団の損害も大きかった。たとえば、第164戦車旅団だけでもT-34戦車10両とT-60軽戦車10両が全損し、第109戦車旅団360戦車大隊は戦闘中に旅団本部との連絡が途絶え、後退を始めたものの待ち伏せに遭って全滅した（大隊にはそのときまで8両の戦車があった）。

翌日以降、第16戦車軍団部隊は第1戦車軍団と協同して敵を叩き、ザハーロフカを獲得する任務を受領した。ところが、第16戦車軍団は大きな損害を出し、第1戦車軍団は遅れをとったため、この攻撃は失敗した。それに加え、7月5日は優勢な敵部隊に圧迫されて第16戦車軍団はオルィーム川東岸に下がった。5回にわたる第16戦車軍団の形成回復の試みはどれも成果をもたらさなかった。

第16戦車軍団の不首尾な活動の原因は、隷下旅団内部の部隊間の連携が拙劣で、旅団間の行動調整も実質的には欠如し、偵察活動もほとんど行われなかったことにある。そのうえ、上空の制空権は完全にドイツ軍の手にあった。

第16戦車軍団第109戦車旅団下司令官で後に戦車軍大将となったV・アルヒーポフにとって、クシェーニ川での戦闘はソ連軍が「多くの可能性を無駄にしたことで特に強い思い出となった」という──「敵を橋頭堡から戦車の鉄拳で叩き落す代わりに、我々は指で弾き落そうした。初日はまず、ノーヴイ・ポショーロクを手にしたドイツ軍の20両の戦車と2個大隊の機関銃部隊におよそ同数の歩兵と半数の戦車をもって。2日目は、40〜50両のファシストの戦車に対してわが戦車は20両といった具合である。敵は兵力を増しつつ、我々より先手を打っていった。橋頭堡をめぐる戦いの初日には戦車の総数で我々は優勢だったものの、それを戦闘に使わなかった。4日目になるとこの優勢は敵側に移ってしまっていた。これこそがいわゆる、戦車の慎重な使用であり、亀裂封鎖のための戦車旅団・大隊の分割使用だったのだ」。

当時の戦闘のもうひとりの経験者、戦車軍元帥M・カトゥコーフ

30：ドイツ兵が撃破されたソ連第23戦車軍団第114戦車旅団所属のM3「スチュアート」軽戦車を調べている。南西方面軍、1942年7月。（BA）
付記：このM3軽戦車は、リベット接合車体に溶接砲塔という組み合わせの2番目の生産型である。

の回想を紹介しよう。

「6月28日夕刻、敵の突進部隊の翼部と後方に対する反撃を北のリーヴヌィ地区から発起し、第16戦車軍団と連携してクシェーニ川とチム川の間で敵を殲滅せよ、とのゴーリコフ将軍の命令を受領した。30日の朝までに（第1戦車）軍団は出撃態勢をとり、ヒットラー軍の翼部を攻撃した。

最初はすべてが計画通りに進んだ。軍団の全火力に支援された戦車部隊は、ジェルノーフカ〜オヴェーチー〜ヴェルフニェ・ニコーリスコエ地区からの強力な打撃によってファシスト部隊の先鋒を一掃し、4〜5km前進した。私は指揮所からファシスト歩兵の鎖が引き下がっていき、彼らの戦車が1両また1両と火を噴いていくさまを目にした。

しかし、7月2日までにわが戦車軍団と第16戦車軍団の隣接翼部の状況は急変し、それもわが方に不利となった。

敵は戦車と砲を引き寄せてクシェーニ川をカザンカ地区に渡河し、わが両軍団の翼部に対する脅威となった。地平線にはファシスト爆撃機の黒雲が現れた。75機の中には『ユンカース』や『ハインケル』、そしてイタリアの『カプローニ』までいた。自動車化狙撃

31：ドイツ軍部隊に鹵獲されたソ連第23戦車軍団第114戦車旅団のM3「リー」中戦車。南西方面軍、1942年7月。砲塔の戦術番号は147、前部装甲板にはドイツ軍によって十字が付けられている。(BA)
付記：リベット接合車体に側面に大型ドアを持つM3中戦車の初期生産型である。

[注9] ここに登場するドイツ軍航空機について。(監修者)

「ユンカース」：ドイツ軍のユンカースJu88爆撃機のことであろう。ハインケルHe111と並ぶ第二次世界大戦ドイツ軍の主力爆撃機である。高速爆撃機として開発され、ハインケルHe111よりは機体規模が小さく、爆撃機単能でなく多用途性を持つ機体である。爆撃機型のA型に対して、C型は戦闘機、D型は偵察機、G型はレーダーを装備して本格的な夜間戦闘機として使用されたことで知られる。総生産機数は実に1万6,000機以上にもなる。

「ハインケル」：ドイツ軍のハインケルHe111爆撃機のことであろう。第二次世界大戦全期間を通してのドイツ空軍の主力中型爆撃機である。高速の民間旅客機という名目で開発されたが、スペイン内乱で爆撃機として実戦デビューした。最も生産型となったのはバトル・オブ・ブリテンで本格的な運用が開始されたH型であった。2.5tの爆弾を搭載して400km/hの速度で飛行することのできる、当時としては高性能爆撃機であった。頑丈な機体だが、防御火力が弱いのが弱点だった。独ソ戦当時はすでに旧式

兵の戦闘隊形は砂埃に隠れてしまい、歩兵はやむなく伏せた。

　その間、敵砲兵は我らが戦車に直接照準射撃を浴びせ掛けてきた。最初の攻撃は撃退した。だが、攻撃は第2波、第3波……と続いた。

　第1戦車軍団は信じられないほど厳しい状況に陥った。前線のわれらが戦区には航空機が少なかった。確かに、我々をE・サヴィーツキー空軍少将(現空軍元帥、ソ連邦英雄称号2回叙勲)率いる第3戦闘航空軍団が援護してくれてはいた。しかし、前線各地で果てしない空戦に明け暮れていた航空軍団は我ら戦車部隊にしっかりした援護を行うことはできなかった。サヴィーツキーには航空機が不足していた。たまに、戦場上空に友軍戦闘機が2〜3機姿を見せるくらいであった。しかし、自軍の爆撃機をさまざまな高度で掩護している『メッサーシュミット』の群れを前にして彼らが何をなしえたであろう!?　軍団もまた自らの防御装備ではファシスト航空部隊の大編隊飛行に応戦する力はなかった。それゆえ、ヒットラーの食屍鳥は何の咎めも受けずに我らを爆撃し、射りまくっていた……[注9]。

　激戦は地図に印があるばかりの高地や村をひとつひとつめぐって繰り広げられた。というのも、戦闘の目標となった村といっても実際は、打ち砕かれた煉瓦と焼け爛れた丸太の山に過ぎなかったからだ。これらの日々、戦車兵らは時折戦車の中で昼夜を過ごし、信じられぬほどの頑強さをもって戦った。多くの指揮官らは真の武勇とは何たるかを示した。

7月3日、敵の第246自動車化連隊がクシェーニ川を渡河し、オルグルィーズコヴォとノーヴァヤ・ジーズニの集落を奪取した、との報告を受けた。私は第49戦車旅団長D・チェルニエンコ大佐に敵を包囲、撃滅するよう命じた。旅団長は巧みにこの任務を遂行した。彼は敵の翼部に攻撃を仕掛け、クシェーニ川を通過する退路を閉ざし、敵自動車化連隊をほぼ全滅させたのである。わずかに少数の群れに分散した敵兵のみが川を泳いで対岸に辿り着くことができた。2,000名の敵兵が草の生えた川底に横たわっていた。敵連隊は、火砲26門を含むすべての兵器を失った。
　名指揮官ぶりを発揮した者の中にはゼムリャコーフ少佐もいた。オジョーガ村郊外で彼に率いられた7両の戦車は果敢にも、30両を数える敵戦車に戦いを挑んだ。2時間の戦闘でソ連戦車兵は敵戦車17両を炎上させることに成功した」。
　7月1日、赤軍参謀総長A・ヴァシレーフスキー大将はスターリンの命を受けて、ブリャンスク方面軍司令官F・ゴーリコフ中将にソ連軍最高総司令部の不満を伝えた——
「いくつかの戦車軍団は戦車部隊たることを放棄し、歩兵の戦法に移った。たとえば、カトゥコーフは敵歩兵を速やかに掃討する代わりに、一昼夜にわたって2個連隊の包囲にかかりきっていた。貴官は、見たところ、それを奨励しているようである。第2の例はパーヴェルキン軍団である。第119独立狙撃兵旅団の後退は、戦車軍団長をして翼部が包囲されると叫ばせているようだが、戦車はどこにいるのだ？　そもそも戦車部隊がこんなことでいいのか？」。
　カトゥコーフはこの件について後日次のように付け加えている。「この文書（ヴァシレーフスキー参謀総長とブリャンスク方面軍司令部とのやりとり）は、当時の状況の多くを説明している。もちろん、第1戦車軍団が2個歩兵連隊を包囲したのは自らの意志ではなく、上からの命令によってであった。しかし、問題はそれだけではない。この文書からはもっと重要な結論を引き出さねばならない。戦車軍団はみな分割して戦闘に投入され、各軍団に与えられたのは狭く限定的な任務であった。戦車軍団を強力な鉄拳にまとめ、上空と地上からの支援で強化して、ヒットラー軍の翼部にまさしく決定打を加えることも可能だったのに……。
　方面軍司令部は各軍団のばらばらな行動がしかるべき効果をもたらしていないことを感じとっていた。おそらくそれがゆえに、7月3日に我々は新たな命令を受領したのだ。そこには、第1及び第16戦車軍団部隊から混成戦車集団が創設され、その司令官はカトゥコーフとするとあった。方面軍司令部は戦車集団に対して、相対峙する敵部隊の包囲殲滅の課題を与えた。
　第16戦車軍団は、遅滞なくわれわれの防衛線に到着した。とこ

化が進んでいたが、まだまだ主力爆撃機であった。総生産機数は約7,300機である。

「カプローニ」：イタリア軍のカプローニ・ベルガマスキCa311爆撃機のことであろうか。双発軽爆撃機Ca310の発展型で、段なしキャノピーのスマートな機体デザインが特徴。ただし低速で搭載量も少なかった。1939年から1941年にかけて320機が生産された。エンジンを換装し、速度、搭載量の増した発展型のCa313も生産されている。

「メッサーシュミット」：ドイツ軍のメッサーシュミットBf109戦闘機のことであろう。言わずと知れた第二次世界大戦全期間を通してのドイツ空軍の主力戦闘機であった。極めてコンパクト、軽量にまとめられた機体により、水冷エンジンのパワーを極限までしぼりだすことに成功している。独ソ戦の主力となったのは、エンジン、武装が強化されたF型、G型である。総生産機数は3万3,000機にも上った。

32：ソ連第24戦車軍団の所属と思われるT-34中戦車がドイツ軍砲兵隊によって撃破された。南西方面軍地帯、1942年7月。このような形の砲塔を持つT-34が量産されるようになったのは1942年の春からである。(ASKM)
付記：いわゆる「1942年型」である。砲塔形状を変更し、弱点であった後部張り出しをなくし、砲塔上面ハッチのデザインも変更している。砲塔上面ハッチに見える文様は、敵味方識別用のマーキングである。車体側面に貫徹口がはっきり見える。

[注10] シビターリヌイ・ヴァシーリエフ航空機関砲のロシア語略称。(訳者)

ろが、パーヴェルキン将軍の手元には戦車がまったくもって少なかった。50両未満である。過去1週間に第13軍と第40軍の連接部で軍団は人員と兵器に多大な損害を出していた。なぜならば、敵は軍団を南から迂回し、オルィーム川をわたる渡河施設から遮断したからだ。この厳しすぎる状態から抜け出すのは容易ではなかった。それでもやはり、たとえまばらになった戦車軍団であろうと、その到着は我々にとっては待ち焦がれた支援に変わりはなかった。それに、我々は第15狙撃兵師団と第8騎兵軍団の隷下部隊とともに長大な前線で防戦しなければならなかったため、陣地隊形の中で無防備な箇所は少なくなかったからだ。

　この間、ヒットラー軍は休みなく攻撃を続け、わが戦車集団の戦闘隊形の最も弱い箇所を探ろうとしていた。そしてとうとう、彼らはそれに成功した。我々の火器が少なかった戦区でファシスト歩兵が最前線を越えて突入し、我らが防御地帯に楔のごとく突き刺さった。恐るべき事態が生まれた。突破口を開いたヒットラー軍は亀裂を伸ばしていき、わが戦車集団部隊を分断して、その背後に迫ろうとしていた。

　また、この時敵は前線全域にわたって押し寄せつつあった、つまり、わが集団の持てる力すべて、戦車も歩兵が総動員されていたことも考慮しなければならない。私の予備には2両のT-60軽戦車があった。だが、これらの戦闘車両は"小型車"で、戦車と呼べるのも条件付きの上でのことであった。それは20㎜砲ShVAK[注10]で武

33

33：大破したT-34中戦車1941年型。南西方面軍地区、1942年7月。この車両は、搭載弾薬が爆発したようだ。（Ya・マグヌースキー氏所蔵）
付記：砲塔後部パネルは爆発で脱落したようで、取り付け部だけが残っているのが見える。車体右側下部に破口が見え、砲身がきれいに貫かれている。炎上したようで、転輪のゴムがすべて燃え尽きている。

装されていた。

　読者はおそらく、12番口径の狩猟用散弾銃［注11］がいかなるものか想像できるだろう。その口径とT-60戦車に取り付けられていた砲の口径はまったく同じなのだ。T-60はドイツ戦車を相手に戦うことはできなかった。だが、敵の兵に対しては"小型車"も優位に立ち回り、連続射撃でファシスト歩兵に甚大な損害を与えることも一度ならずあった。ムツェンスク郊外でも、モスクワ郊外でもそうだった。

　そして今、ドイツ軍による突破という苦境から我々を救ったのは、またもや"小型車"だ。ファシスト歩兵がわが防御地帯に半kmぐらい食い込んできたとき、わたしは最後の予備を戦闘に放った。

　幸いなことに、この時期はライ麦が人の背丈ほども伸びており、それが"小型車"に味方した。ライ麦に身を隠しながら、わが陣地に侵入していたヒットラー軍の背後に出ることを可能にした。T-60は近距離からドイツ歩兵に疾風射を浴びせ掛けた。数分後、攻めてきたフリッツ［注12］どもの鎖は打ち棄てられた。

　だが、敵を包囲することはできなかった。それもそのはずだ。そのような作戦には我々の戦力も、必要な砲兵や航空機の支援も足り

［注11］ライフルは口径をインチやミリ単位で示すが、散弾銃の場合は口径を番数（ゲージ数）で示すのが一般的である。ただし本来これは1ポンドの重さの鉛弾の直径を基準として1ポンドを1番、1/12ポンドを12番と呼んでいるので、数字が少ないほど大きい口径となる。12番（12ゲージ：1.85cm）が、散弾銃で最も広く使用されている口径である。（監修者）
［注12］ドイツ人（兵）の蔑称。（訳者）

34：ソ連第17戦車軍団の所属と思われるT-34中戦車が航空爆弾の弾痕に擱坐し、乗員に遺棄された。ブリャンスク方面軍地帯、1942年7月。（Ya・マグヌースキー氏所蔵）
付記：上面ハッチが失われ、転輪のゴムも燃え尽きている。擱座後に破壊されたのだろうか。手前には5cm leGrW36軽迫撃砲とその弾薬箱が積まれており、この爆弾穴を射撃陣地に利用しているようだ。

35：窪地に落ち込んだT-34戦車。南西方面軍、1942年7月。転輪のゴムバンドが焼けているところを見ると、この戦車は戦闘中に撃破されたのだろう。（Ya・マグヌースキー氏所蔵）
付記：前後に長い鋳造砲塔を装備した、いわゆる「1941年型」とされるものである。

36：対戦車砲となりうる76㎜師団砲1936年型（F-22）用の砲兵壕を赤軍砲兵が掘っている。南西方面軍地区、1942年7月。

なかったからだ」。

　クシェーニ川とオルィーム川の間の激しい戦車戦は7月7日まで続いた。だが、ソ連戦車軍団の反撃はドイツ軍突撃部隊を壊滅させるには至らなかった。というのも、この反撃はしかるべく組織されていなかったからである。攻撃方向は現場で確認されず、支援砲撃も無秩序で、反撃任務の進捗状況を方面軍は把握、監督していなかった。第1及び第16戦車軍団の活動はあまり組織的ではなく、航空機や砲兵の支援もなかった。

37：前線に到着したSd.Kfz.222軽装甲車の下車作業。ドイツ第4戦車軍地区、1942年7月。(BA)
付記：注意深く貨車からプラットフォームに降りる。踏み板もなくそのまま降りられるようで、さすが優れた機動力というわけだ。Sd.Kfz.222は、専用の4×4車台に装甲ボディを持つ偵察用装甲車で、武装にはオープントップの全周旋回式砲塔に2cm機関砲を装備していた。1936年から1943年6月までに989両が生産された。

38：「グロースドイッチュラント」師団の一部隊での戦闘任務確認。ヴォローネジ地区、1942年7月。右はⅡ号戦車、中央はSd.Kfz.251、左はキューベルワーゲン。Sd.Kfz.251の後部装甲板には師団章がはっきり見える。(ASKM)
付記：右はⅡ号戦車のF型である。F型はⅡ号戦車シリーズの最終生産型で（ルクスもⅡ号戦車ということになっているが、まったく別の車体である）、1941年3月から1942年までに524両が生産された。武装は2cm機関砲、最大装甲厚35mmと、この頃はすっかり旧式兵器となっていた。Sd.Kfz.251は標準の装甲兵員輸送車型ではなくSd.Kfz.251/6中型装甲指揮車のようだ。

ソ連第40軍左翼の戦闘
БОИ НА ЛЕВОМ ФЛАНГЕ 40-Й АРМИИ

　6月30日の午後にソ連第40軍左翼で繰り広げられたドイツ国防軍第48戦車軍団とフェドレンコ作戦集団隷下戦車軍団との大規模な戦車戦もまた、赤軍の敗北に終わった。V・ミシューリン少将の第4戦車軍団がスタールイ・オスコール地区から攻勢に移り、夕刻にはゴルシェーチノエに到達し、敵の最前線部隊を粉砕したのに対し、N・フェクレンコ少将の第17戦車軍団はヴォローネジから後方部隊も連れずに到着したため、すぐには反撃に参加することができなかった。

　通信連絡の欠如と部隊統率の稚拙さから、強力な同時攻撃は実現しなかった。第17戦車軍団は、オレーホヴォ～ゴルシェーチノエ地区の1個旅団のみを敵の攻撃に使っただけである。軍団の残りの部隊は偵察活動がまずく、予定された東方12kmの共同進撃に加わらなかった。

ヴァシーリー・アレクサンドロヴィチ・ミシューリン（1900年～1967年）
1919年赤軍入隊。1936年フルンゼ記念軍事アカデミー卒業。1938年～モンゴル駐留第57特別軍団第8機甲旅団長。1939年5月～9月のハルハ河の戦闘（ノモンハン事変）に参加。1941年春～ザバイカル軍管区第57戦車師団長、1941年6月同師団は西部方面軍へ移動。1941年7月24日、戦闘時の首尾良い師団指揮によりミシューリン大佐はソ連邦英雄の称号を叙せられ、2階級特進して戦車軍中将任官。その後第4戦車軍団を指揮。1953年～予備役。

39：ドイツ第24戦車師団所属のⅡ号戦車が木橋を通って渡河している。ヴォローネジ地区、1942年7月。この車両は白色の戦術番号364を持っている。(BA)
付記：Ⅱ号戦車F型である。車体にワイヤロープがかけられており、牽引されているようだ。向こう側には12tハーフトラックが見える、半ば泥に埋まっているのが見える。

ソ連第17戦車軍団の戦闘
БОЕВЫЕ ДЕЙСТВИЯ 17-ГО ТАНКОВОГО КОРПУСА

　第17戦車軍団は1942年6月にスターリングラードで編成された。そこには、第66、第67、第174戦車旅団と第31自動車化狙撃兵旅団が編入された。6月22日、軍団隷下部隊はスターリングラードからブリャンスク方面に発ち、6月24日にヴォローネジ駅で下車した。ここにはモスクワから軍団司令部として、司令官のフェクレンコ戦車軍少将と軍政治委員のグレーエフ連隊政治委員（大尉に相当）、参謀長のバハーロフ大佐、それに参謀部員らが到着した。

　1942年6月28日、第17戦車軍団は、突入してきたドイツ軍部隊への反撃発起のため、カストールノエ地区に転進させられた。6月30日、第31自動車化狙撃兵旅団は「グロースドイッチュラント」師団部隊から攻撃を受けた。この戦闘で自動車化狙撃兵は、そこに駆けつけていた第4戦車軍団第102戦車旅団と協同で敵戦車17両を撃破、破壊した。第67戦車旅団は第31自動車化狙撃兵旅団の救援に向かわせられ、偵察もなしに移動していたところ、思いもかけずドイツ戦車部隊と遭遇した。1時間の戦闘の結果、第67戦車旅団は20両の戦闘車両を撃破、炎上させられて撤退した。

　翌日、第174戦車旅団が攻撃に移ったが、計画では予定されていた第66戦車旅団の支援が欠けていた。それゆえ、戦う相手の敵部隊は優勢に転じた。これに加えて、第174戦車旅団は4回もの大空襲を受けてT-34中戦車を23両失い、ついに撤退を余儀なくされた。第174戦車旅団の撤退後、ドイツ軍は兵力をさらに集めて、第66戦車旅団がいたクレーフカ村を襲った。11時間続いた戦闘の末、ソ連戦車旅団は包囲されかかって後退した。

　クレーフカがドイツ軍の手に落ちたことによって、第17戦車軍団は左右に分断されてしまった。右側には第66戦車旅団と第40軍第115及び第116両独立戦車旅団、そして左側には第31自動車化狙撃兵旅団残存部隊と第67及び第147戦車旅団、第4戦車軍団第102戦車旅団とに分かれた。しかも、第17戦車軍団司令部と左側に残った部隊との連絡は途絶えてしまった。こうして、ドイツ軍部隊がニジニェチェーヴィツクを通ってヴォローネジに突進する脅威が現実のものとなっていった。

　7月2日朝、この左側部隊がいたゴルシェーチノエをドイツ軍が襲って包囲した。しかし夕方には、ソ連軍部隊は大きな犠牲を払いながらも、ドイツ軍の包囲網から脱出することに成功した。翌朝ドイツ戦車群はニジニェチェーヴィツクを占領した。ソ連第66戦車旅団は航空機や砲兵の支援もなく、敵を食い止めることができなかった。2000時ごろ、ドイツ軍は奇襲によって第17戦車軍団部隊を

ニコライ・ウラジーミロヴィチ・フェクレンコ（1901年～1979年）
1919年赤軍入隊。ロシア革命後の国内戦に従軍。1936年～モンゴル駐留第57特別軍団第7機甲旅団長、1938年～師団長（ほぼ中将に相当）に昇進・第57特別軍団長、1941年3月～キエフ特別軍管区第19機械化軍団長、同8月～9月第38軍司令官、その後南西方面軍司令官補、第17戦車軍団長、ステップ方面軍戦車・機械化軍司令官、1943年12月～赤軍機甲総局編成・訓練本部長を歴任。戦車中将。1951年～予備役。

1942年6月28日現在のソ連第17戦車軍団の保有戦車

部隊名	KV-1	T-34	T-60	計
第66戦車旅団	23	—	26	49
第67戦車旅団	—	44	21	65
第174戦車旅団	—	44	21	65
計	23	88	68	179

(出典：ロシア国防省中央公文書館フォンド3402、ファイル管理簿1、ファイル11、4～11ページ)

掃討し（この時の軍団内の可動車両は、KV-1重戦車10両、T-34中戦車11両、T-60軽戦車17両の計38両のみ）、ヴェルフニェ・トゥーロヴォ付近のドン河渡河施設に進出した。ここでは3時間ものあいだ、第31自動車化狙撃兵旅団所属の対戦車砲中隊1個とT-34中戦車小隊1個が敵を足止めにした。翌日は朝から晩まで、第17戦車軍団残存部隊はドイツ軍部隊の進撃を遅滞させ、夜間は司令部の命令でドン河の対岸に移った。

この4日間の戦闘における第17戦車軍団の損害は、人員1,664名（戦死、負傷、行方不明）とKV-1重戦車23両、T-34中戦車62両、T-60軽戦車47両、火砲23門、迫撃砲22門、機関銃14挺を数えた。

軍団は正面40kmの前線でドイツ軍の2個戦車師団と1個自動車化師団の足どりを遅らせていた。だが、航空機も砲兵も歩兵の支援もなく、無線通信は欠如していた。小銃と機関銃のほかに、軍団はド

40：ノーヴイ・オスコール地区を行軍中のドイツ第23戦車師団の縦隊（Sd.Kfz.251装甲車とオートバイ）。1942年7月。（BA）
付記：左側一番後ろのハーフトラックには、40式投射機材（ロケット弾）発射機の投射枠が取り付けられている。28cm榴弾5発および32cm焼夷弾1発が装填され、射程は榴弾1,900m、焼夷弾2,200mであった。

41：木の張板を伝って沼沢を渡りきろうとしているⅢ号突撃砲F型。南方軍集団第4戦車軍地帯と思われる。1942年7月。（ASKM）
付記：戦闘室上に車長が体を出して前方の路面を心配そうに見つめているが、Ⅲ号突撃砲は視察能力の低さが問題で、車長は頭を下げた状態ではハッチ上に突き出しているカニ眼鏡で見ることしかできなかった。

イツ軍機に対抗する術を持たなかった。というのも、高射砲大隊を受領できなかったからである。偵察大隊も欠けていた。そのため、偵察活動はきわめて拙劣であった。

　この後第17戦車軍団はT-34中戦車44両を補充され、ヴォローネジ市への近接路と市内での戦闘に加わった。

第24戦車軍団の戦闘
БОЕВЫЕ ДЕЙСТВИЯ 24-ГО ТАНКОВОГО КОРПУСА

1942年6月29日～7月20日のソ連第24戦車軍団の戦力構成と損害

旅団	戦車の種類	6/29の保有数	損失	7/20の保有数
第4親衛戦車旅団	KV-1	24	24	—
	T-60	27	18	9
	小計	51	41[*1]	10
第54戦車旅団	T-34	28	23	5
	T-60	25	17	8
	小計	53	40[*2]	13
第130戦車旅団	T-34	20	12	8
	M3軽	17	14	3
	小計	37	26[*3]	11
軍団合計		141	109	32[*4]

[*1) このうち全損はKV重戦車14両、T-60軽戦車15両
[*2) このうち全損はT-34中戦車17両、T-60軽戦車17両
[*3) このうち全損はKV重戦車14両、T-60軽戦車15両
[*4) このうち可動車両はT-34中戦車7両、T-60軽戦車11両、M3軽戦車3両で、ほかは修理中
(出典：ロシア国防省中央公文書館フォンド3400、ファイル管理簿1、ファイル5、1～21・35・38・43ページ／同フォンド3400、ファイル管理簿1、ファイル16、1・9・23～25ページ）

　1942年4月17日付南西戦線［注13］総司令官命令第00274号に基づく南方面軍部隊に関する命令第00156号により、「より大規模な戦車の使用」を目的に第4親衛、第2、第54戦車旅団と第24自動車化狙撃兵旅団からなる第24戦車軍団が編成された。軍団長には第56軍機甲軍副司令官のV・バダーノフ少将が、政治委員にはバーフチン旅団政治委員が任命された。1942年6月15日からは、編制から外れた第2戦車旅団の代わりに第130戦車旅団が編入された。

　6月末まで第24戦車軍団は南西方面軍司令官予備として控えていたが、6月29日にはブリャンスク方面軍に移された。同日、軍団隷下旅団はスタールイ・オスコール地区に集結した。それに続く戦闘活動では拙い偵察と司令部の矛盾だらけの命令で、軍団部隊は長大で無意味な行軍を実施し、装備を消耗させ、戦車の故障を引き起こした。たとえば、第54戦車旅団は6月30日だけで158kmも行軍し、敵に1発の射撃もせずに、T-34中戦車8両とT-60軽戦車6両を機械故障のために置き去って来た。

　7月2日昼、第24戦車軍団部隊はドイツ第48戦車軍団隷下師団に攻撃された。この戦闘の最中、ソ連第54戦車旅団部隊は隣接部隊との相互連絡がうまくいかず、いつの間にか包囲の渦中にあったが、夕方にはそこから脱出できた。このとき、T-60軽戦車6両とT-34中戦車1両を失い、他方8両のドイツ戦車を破壊した。その後は、ドイツ戦車部隊との後衛戦闘を続けながらドン河に退いて行った。ここでは大量の戦車（とりわけKV-1）が、燃料不足と機械故障のために乗員の手によって爆破された。なぜならば、戦車旅団は戦闘中に

ヴァシーリー・ミハイロヴィチ・バダーノフ（1895年～1971年）
1919年赤軍入隊。1950年参謀本部付属高等軍事アカデミーコース修了。1941年3月～第55戦車師団長、大祖国戦争期は第55戦車団長、第12戦車旅団長（1941年～1942年）、第24（第2親衛）戦車軍団長（1942年～1943年）、第4親衛戦車軍司令官（1943年～1944年）、1944年8月～赤軍戦車・機械化軍教習所長を歴任。戦後、中央軍集団参謀長・機械化軍担当司令官補を経て、1950年～1953年は軍事省本省勤務。戦車軍大元帥。

［注13］1941年7月10日、南西方面軍、南方面軍、ブリャンスク方面軍、黒海艦隊の戦略指揮機関として創設され、総司令官はS・ブジョンヌイ元帥、次にS・チモシェンコ元帥が務めたが、内実はチモシェンコ個人のために特設されたものであった。ただ、実戦におけるこの組織の有効性が認められず、1942年6月21日に廃止された。（訳者）

後方部隊と分断され、修理・回収装備や燃料の補給に大きな支障をきたしていたからだった。たとえば、7月3日だけでも第4親衛戦車旅団は故障したKV-1重戦車を4両、第54戦車旅団は5両を爆破し、7月6日はT-34中戦車3両（2両は燃料不足、1両は沼沢に擱坐・回収不能）を自らの手で葬らねばならなかった。

　7月6日夕刻までに第24戦車軍団はウルィーフ地区のドン河渡河施設に辿り着き、そこで防御を固めた。この時点で隷下旅団に残っていた戦車数は、第54戦車旅団──T-34中戦車14両、T-60軽戦車6両；第130戦車旅団──T-34中戦車16両、M3軽戦車17両；第4親衛戦車旅団──KV-1重戦車15両、T-60軽戦車22両、である。その後、ソ連戦車旅団とドイツ軍部隊の間でこの渡河施設をめぐる戦いが続いた。ここでも、戦車旅団の損害は敵の射撃によるものばかりではなかった。7月7日から8日にかけての夜半、第54戦車旅団第2戦車大隊の指揮官ベスソーノフ大尉と大隊政治将校のクリヴェンコ上級政治委員は部隊を残して河の東岸に渡り、「そこから配下の指揮官たちに対して戦車をドン河の対岸に移して沈めるよう命令を発した。こうして、T-34中戦車3両がドンに沈み、……さらに5両が戦場に遺棄され、そのうちの2両は（機関部を爆破して）破壊されていた」。

　7月11日、大量の戦車を失った第4親衛戦車旅団はドン河東岸に移り、残っていたKV重戦車3両とT-60軽戦車13両を第24自動車化狙撃兵旅団に渡した。7月14日には第54戦車旅団も渡河し、T-34とT-60の残存戦車各5両を第130戦車旅団に与えた。第130戦車旅団には戦車のほかに、第4親衛及び第54戦車旅団の自動車化狙撃兵大隊も引き渡された。

　第24戦車軍団は7月末までウルィーフ地区で戦い続け、それから後方に移された。7月25日の夕刻、軍団部隊にはT-34中戦車7両、T-60軽戦車31両、M3軽戦車3両が可動状態にあった。

42：ドン地方の草原に佇む、3.7㎝Flak36搭載5t牽引車車台(Sd.Kfz.6/2)(右)と3.7㎝対戦車砲PaK35/36を搭載したSd.Kfz.251/10中型装甲兵員車（3.7cmPak）。ドイツ第23戦車師団地区、1942年7月。(BA)
付記：3.7cmFlak36搭載5t牽引車車台（Sd.Kfz.6/2）は、対空用だけでなく対地射撃でも絶大な威力を発揮した。3.7cm対戦車砲を搭載したSd.Kfz.251/10中型装甲兵員車（3.7cmPak）は、小隊長用車体として配備され、火力支援任務に用いられた。

第21軍及び第28軍地帯での戦闘活動
БОЕВЫЕ ДЕЙСТВИЯ В ПОЛОСЕ 21- Й И 28 - Й АРМИЙ

　これまで見てきたように、ブリャンスク方面軍司令部は戦況が急変する中、ドイツ軍突入部隊の両翼に対する強力な反撃をタイミングよく組織することができなかった。ソ連戦車軍団は到着次第、各個ばらばらに戦闘に投入され、偵察も部隊間の通信連絡もなかった。その結果、ブリャンスク方面軍部隊はドイツ軍部隊を壊滅させるどころか、ヴォローネジ方面への進撃を停めることもできなかった。

　7月30日0400時、ドイツ軍は南西方面軍地帯でも第6軍と第40戦車軍団の兵力をもってヴォルチャンスク地区から攻勢に転じた。その主攻撃は、ネジェゴーリ川とヴォールチヤ川の間のソ連第21及び第28軍の連接部に向けて発起された。より正確には、ヴォールチヤ川北岸沿いに延びる第76狙撃兵師団の右翼である。この戦区ではほぼ三倍も優勢なF・パウルス将軍のドイツ第6軍部隊が、1400時にはソ連軍部隊の浅く脆弱な防御を打破した。

　それまでの戦闘で疲弊した赤軍狙撃兵部隊はかくも強烈なドイツ軍の猛攻を制止することはできず、後退を始めた。ドイツ第6軍は攻勢を拡大させつつ、P・シューロフ少将（略歴資料見つからず）

1942年6月28日朝現在のソ連第13戦車軍団の保有戦車

戦車の種類	KV-1	T-34	Mk.III ヴァレンタイン	T-60	計
第167戦車旅団	—	—	30	20	50
第158戦車旅団	8	20	—	20	48
第85戦車旅団	—	31	—	34	65
軍団計*	8	51	30	74	163

* 軍団内には戦車の他、英国製装甲輸送車「ユニヴァーサル・キャリアー」19両（全戦車旅団に各3両、第20自動車化狙撃兵旅団に10両）と第309親衛迫撃砲大隊にT-60車台搭載BM-8ロケット砲（BM-8-24）8基が配備されていた。
（出典：ロシア国防省中央公文書館フォンド375、ファイル管理簿5124、ファイル42、174ページ）

の第13戦車軍団の陣地に進出した。

　このときまでに第13戦車軍団（第158、第167、第85戦車旅団／第20自動車化狙撃兵旅団／ロケット砲大隊）は兵器の補充を受け、163両の戦車を保有していたことを指摘しておかねばならない。ただし、高射砲はなく、偵察と修理の各部隊は人員と兵器が定数に満たなかった。

　ドイツ軍部隊が接近したとき、シューロフ軍団長の合図で嵐のような猛射が開始された。同時に、敵部隊が密集している地点にロケット砲が斉射を放った。左翼をヴォールチヤ川に続く窪地に沿って進んでいたドイツ戦車群は、ソ連第158戦車旅団第2大隊所属のD・ショーロホフ上級中尉のKV-1重戦車小隊と鉢合わせた。激しい戦闘で小隊は2両の戦車を失ったものの、ショーロホフの乗車はここで8両のドイツ戦車を破壊した（別の資料によれば、ドミートリー・ショーロホフの指揮するKV-1戦車の乗員は1942年6月30日、1回の戦闘で24両の敵戦車を破壊したとある。この戦功に対して、ドミートリー・ショーロホフはソ連邦英雄の称号を授与された）。ソ連第85戦車旅団はこの機に乗じて反撃に移り、敵部隊に撤退を強いた。兵力を再編し、航空支援を要請したドイツ軍部隊は、さらに3回の攻撃を今度は第13戦車軍団防御陣地中央部付近で敢行した。終日、戦車同士の激しい格闘が続いた。一時は独ソ双方の300両に上る戦車が暴れ回っていた。6月30日の戦闘だけで第13戦車軍団の戦車兵は約40両のドイツ戦車を倒したが、自らも大きな痛手を負った。

　とはいえ、この日の夕刻までに全体の戦況はソ連第21軍に不利に傾いていった。ソ連軍部隊の防御を突破したパウルス将軍の部隊はオスコール川に向かって破竹の勢いで進撃していた。第21軍司令官A・ダニーロフ少将は包囲される事態を避けるため、隷下部隊をオスコール川の東岸に下げることを決定した。第13戦車軍団は狙撃兵部隊の撤退を掩護する中で、人員と兵器を次々に失っていった。7月1日、シェフツォーヴォという集落の近くで第13戦車軍団司令官のP・シューロフ少将は瀕死の重傷を負った。そして翌7月2日、野戦病院への搬送中に息を引き取った。さらに、第20自動車

化狙撃兵旅団長P・トゥルビン少佐と第85戦車旅団長のA・アセイチェフ少将も戦死した。

　オスコール川の東岸で防御に就いた第21軍と第28軍には、スロノーフカ～スタロイヴァーノフカの線で敵の進撃を食い止める力はすでになかった。後に、第28軍元司令官のD・リャーブィシェフ中将は振り返っている──「友軍機は上空になかった。右隣の第21軍とその左翼部隊の形勢についての情報も我々にはなかった。このことについては方面軍参謀部も何も伝えることができず、部隊との交信が切れているとことをその理由としていた。我々の無線による問いかけにも応答はなく、連絡用の飛行機もなかった」。

　A・ハーシン少将の第23戦車軍団を使って形勢を回復する試みも成果をもたらさなかった。戦車軍団は反撃準備がお粗末に過ぎたため、多大な損害を出しただけに終わった。この不首尾な行動については、『1942年7月1日～10日の第23戦車軍団戦闘活動の不備について』という報告にまとめられ、内務人民委員部［注14］の三等国家保安委員アバクーモフ［注15］宛てに送られている。

　報告書の内容は次の通りである。

　「第23戦車軍団部隊による防御線から防御線への絶え間ない移動と用兵上の誤りは、目的を達せずして兵器・装備を消耗させること

43：ソ連製戦利戦車T-60（砲塔なし）をドイツ軍が軽装甲牽引車として使用している。ヴォロネジ市、1942年7月。（BA）
付記：ドイツ軍は捕獲した敵兵器を多数自国軍装備として使用し、制式名称を与えて改造までしているが、ソ連軍装備に関してはほとんどが現地部隊レベルでの使用で、壊れるまでの使い捨てであった。

［注14］いわゆる内務省に相当し、当時は警察、諜報・防諜、国境警備、鉄道等の戦略施設警備などを管轄していた。通常はNKVD（エヌカヴェデー）と略称される場合が多い。（訳者）
［注15］スターリンの粛清の「実行責任者」でもあった内務人民委員ベリヤの側近のひとりで、当時は赤軍内部の重犯罪の捜査を管轄する特別局局長を務めていた。1943年からは『スメルシ（「スメルチ・シピオーナム（スパイに死を）」を縮小した造語）』という赤軍防諜部門を率いる。戦後は新設の国家保安大臣に就任するが、1951年に逮捕、1954年銃殺刑に処せられる。

につながった。10日間に軍団部隊は計300kmの行軍を行った。

　第28軍司令部の命令で第23戦車軍団部隊は1942年7月1日、コジンカ～カズナチェーエフカ～コノプリャーノフカ地区に集結し、ヴォロコーノフカ方面に東進中の敵を撃滅し、第29軍にオスコール川を渡河後退して防御に就く可能性を与える任務を負っていた。最初の主任務は果たされなかった。

　1942年7月1日、第6及び第114戦車旅団は進撃を開始するものの、敵兵力に関する情報も持たず、歩兵、砲兵、航空部隊との連携も組織されていなかった。

　かかる無計画さのゆえに、戦車は敵砲兵の航空部隊と連携した活発な待ち伏せ射撃に直面し、進撃中の友軍戦車群の戦闘隊形を即座に乱すこととなった。

　軽率な進撃の結果、軍団部隊は2日間だけで30両に上る戦車を失い、戦いながらオスコール川東岸に後退した。

　かくして、第23戦車軍団をもって敵の進撃を停止させるという課題は、第28軍司令官リャービシェフ中将と軍事会議審議官ポーペリ旅団政治委員の不適切な部隊指揮が原因で果たされず、他方敵はオスコール川を渡河し、東方への前進に成功した。

　戦車軍団部隊がプリンツェフカ～ペスキー～テーレホヴォ～ホフローヴォ～コロスコーヴォ地区に布陣すべくオスコール川東岸に移動したことに伴い、当地区にあるはずの第13親衛狙撃兵師団歩兵の不在が認められた。軍団司令部は第28軍事会議ポーペリ審議官のもとへ事態の報告に出頭した。

アブラーム・マトヴェーエヴィチ・ハーシン（1896年～1977年）
第6親衛戦車旅団長、1942年春～第23戦車軍団長、その後トゥーラ戦車教習センター所長を歴任。

44：ドイツ国防軍第23戦車師団との戦いで撃破されたソ連第13戦車軍団第167戦車旅団所属の英国製Mk.Ⅲヴァレンタイン戦車。南西方面軍、1942年7月。（BA）
付記：実に見事にパンチで穴を開けたように、装甲板を貫徹している。ヴァレンタインの最大装甲厚は65mmであったが、ロシア戦車のように被弾経始が考慮された装甲ではなかった。

ポーペリはしかるべき措置をとる代わりに、地図を出して、『……私の地図では第13親衛狙撃兵師団の歩兵は布陣している。貴官は何も知らない。行きたまえ、パニックを引き起こすな』、と言い渡した」。

1942年6月30日0700時現在のソ連第23戦車軍団の保有戦車

旅団	KV-1	T-34	M3中	M3軽	T-60	計
第6戦車旅団	—	18	—	—	20	38
第91戦車旅団	9	20	—	—	20	49
第114戦車旅団	—	—	3	38	—	41
計	9	38	3	38	40	128

（出典：ロシア国防省中央公文書館フォンド3112、ファイル管理簿1、ファイル3、17〜20ページ）

46

45・46：ヴォローネジ市街で撃破された赤軍第18戦車軍団のT-34中戦車とT-60軽戦車。1942年7月。(BA)
付記：向こう側のT-34はスターリングラードトラクター工場製のようだ。転輪にはすべて鋼製転輪が取り付けられているのがわかる。

ヴォローネジ方面の戦い
БОИ НА ВОРОНЕЖСКОМ НАПРАВЛЕНИИ

　1942年7月2日の夕刻までに、第21及び第28軍の連接部は80kmも奥深く斬り込まれていた。その結果、ブリャンスク方面軍と南西方面軍の連接部に破裂口ができた。ドイツ軍部隊の眼前には、ソ連NKVD数個部隊と防空軍第3師団、後方部隊がいるだけのヴォローネジにつながる道が拓けた。

　ヴォローネジ方面にいたブリャンスク、南西両方面軍の全予備部隊は戦闘に投入されていた。ソ連第13軍、第40軍、第21軍の指揮統制は乱れ、そのうち2個軍の主力が包囲されそうになっていたことから、1942年5月のハリコフ郊外でのソ連軍部隊壊滅を上回る新たな大惨事が起きる恐れがでてきた。

　しかし今回は、赤軍司令部はブリャンスク方面軍と南西方面軍を待ち受ける絶体絶命の危機に気が付くのに間に合った。ソ連軍最高総司令部（スターフカ）はS・チモシェンコ元帥にこのドイツ軍の突破を封鎖するための緊急措置を取るよう要求した。最高総司令部はブリャンスク及び南西方面軍の隣接翼部の戦況を判断したうえで、7月2日に両方面軍に対して第40軍と第21軍を至急ヤーストレボフカ〜オスコールの線に撤退させるよう指示した。

　しかも、この命令は方面軍司令部から第40軍隷下師団に直接伝

59

1942年6月30日～7月12日のブリャンスク方面軍第21軍部隊の装甲車両保有数と損害

部隊	車種	6/30の保有数	戦闘時に全損	7/12の保有数
第10戦車旅団	KV-1	3	3	—
	T-34	12	12	—
	BT	7	—	7*1
	T-26	5	—	5*1
	T-60	11	11	—
	小計	38	26	12
第478独立戦車大隊	BT-7	2	1	1
	BT-5	2	2	—
	T-26	14	14	—
	T-40	4	3	1
	T-37,T-38	41	32	9
	BA-10	1	—	1
	小計	64	52	12
NKVD第8自動車化狙撃兵師団	BA-10	5	?	データ欠如
	BA-20	2	?	データ欠如
	小計	7	?	データ欠如
第1自動車化狙撃兵旅団	BA-10	18	14	4
	BA-3	1	1	—
	BA-20	1	1	—
	小計	20	16	4
第74回収中隊	T-20コムソモーレツ	3	—	3
第3修理鉄道車	T-20コムソモーレツ	1	—	1
軍司令部警備中隊	BA-10	1	—	1
	BA-20	1	—	1
装甲車両合計		135*2	94*3	41*4

*1)軍後方基地で大規模修理中
*2)このうち戦車は101両、装甲車は30両、牽引車は4両
*3)このうち戦車は78両、装甲車は16両
*4)このうち戦車は24両、装甲車は7両、牽引車は4両
(出典：ロシア国防省中央公文書館フォンド375、ファイル管理簿5124、ファイル42、95・169・178・191・214ページ)

えられたことが注目に値する。なぜなら、第40軍司令部は各師団の指揮統制能力を完全に失っていたからである。軍司令官のM・パールセゴフ中将と参謀部はこの時ヴォロネジ郊外にあり、配下部隊との連絡はまったく途絶えていた。撤退命令は無線か、または夜間にU-2練習機で連絡将校が飛んで伝えられた。

第21軍司令部は戦闘地区から50～60kmも離れたところにあって、やはり臨機応変に所属部隊を指揮することができなかった。

7月3日の戦況は悪化の一途を辿った。予備兵力を戦闘に投入したドイツ軍がヴォロネジに向かって突進を始めたのだ。きわめて困難な状況下、ブリャンスク方面軍と南西方面軍の隷下部隊は厳しい防御戦闘を続けた。とりわけ頑強な抵抗を示したのは第284狙撃兵師団である。師団は撤退した第111及び第119独立狙撃兵旅団を自らの指揮下に置き、カストールノエの防御拠点を固守した。進撃の足を停めずにこの町を奪取しようとしたドイツ軍の試みはすべて

47・48：川に擱座して乗員が遺棄したT-34中戦車。ブリャンスク方面軍、1942年7月。これらの戦車はおそらく、第5戦車軍の編制下にあったようだ。（ASKM）
付記：これらは1941年型のようだ。写真48の車体は、角張った溶接接合の砲塔と車体前面に増加装甲板が装備された、スターリングラードトラクター工場製の車体のようだ。同じく写真47の向こう側の車体も、スターリングラードトラクター工場製の車体だろう。

48

不首尾に終わり、ドイツ国防軍第11戦車師団と第377歩兵師団はカストールノエを北から、また第9戦車師団は南からそれぞれ迂回するほかなかった。第284狙撃兵師団はこれで完全に包囲される脅威にさらされたため、7月5日深夜に全隊が強化支援部隊とともに後退し、テルブヌィー地区に集結した。

最高総司令部はブリャンスク方面軍の統帥能力を回復させるべく、方面軍司令官F・ゴーリコフ中将に対して参謀部作戦課員らとともにヴォローネジに出頭するよう命じた。現地にはまた、参謀総長になりたてのA・ヴァシレーフスキー大将も実質的な援助を行うために向かった。

このとき、スタールイ・オスコールとゴルシェーチノエの地区でも赤軍に不利な状況が生まれつつあった。7月3日にかけての夜半、ここでドイツ国防軍第6軍第40戦車軍団と第4戦車軍の先鋒部隊が合流したからだ。その結果、南西方面軍の第21軍右翼師団と第13戦車軍団部隊、それにブリャンスク方面軍第40軍左翼師団がドイツ軍の包囲網に陥ってしまった。包囲を完了したドイツ軍部隊は進撃速度を落とすことなく、ヴォローネジとカンテミーロフカへの攻勢拡大を続行した。

統制を失ったソ連第21、第40軍の各部隊は、弾薬も少なく、散り散りになりながら包囲網突破を敢行せねばならなかった。

ブリャンスク方面軍部隊を強化する目的で、7月2日、新戦力の狙撃兵師団22個と狙撃兵旅団1個を数える3個軍（第60、第6、第63）が最高総司令部予備から抽出された。このほか、編成されたばかりのA・リジュコーフ少将率いる第5戦車軍がエレーツ地区に差遣され、ヴォローネジの北と南には第25及び第18戦車軍団が展開した。

こうして、ブリャンスク方面軍司令部は既存兵力に加え、さらに狙撃兵師団23個と狙撃兵旅団1個、自動車化狙撃兵旅団5個、戦車旅団16個（戦車1,000両以上）を受領した。ヴォローネジ地区に到着したブリャンスク方面軍司令官ゴーリコフ中将は、自ら戦闘を指揮することになった。方面軍主指揮所では、N・チービソフ中将が一時的に彼を代任することとなった。

しかし、ドイツ軍ヴォローネジ急進の予防と阻止の措置がとられたにもかかわらず、それはしかるべき効果をもたらさなかった。その上、ブリャンスク方面軍司令官F・ゴーリコフ中将はヴォローネジに発ったものの、誰にも第5戦車軍の集結や戦闘投入の指示を与えなかった。方面軍副司令官N・チービソフ中将と参謀長M・カザコーフ将軍もイニシアチブを取ろうとしなかった。7月4日、エレーツ地区に赤軍参謀総長のA・ヴァシレーフスキー大将が到着した。彼は自ら、M・カザコーフと第5戦車軍司令官のA・リジュコーフ

49：ミーレロヴォ地区を進むドイツ第3戦車軍団のⅡ号戦車とトラック縦隊。1942年7月。(BA)
付記：Ⅱ号戦車はc～C型である。

に戦闘任務を与えた。作戦開始は遅くとも7月5日1500～1600時とされ、軍隷下部隊全部の集結を待たずに決行せよと命じられた。

7月4日、ドイツ第4戦車軍部隊はヴォローネジ市への近接路に達し、その日から翌日にわたって、ここに後退して来たソ連第40軍の少数に分散した兵力のか弱い抵抗を潰していきながら、ドン河を渡河し、市の西端に突入した。それから10日間、市西部では激しい市街戦が繰り広げられた。ドイツ軍部隊の進撃はここで赤軍の組織だった抵抗に遭って停滞した。

ヴォローネジ市防衛でとりわけ首尾良い活躍を見せたのは、シートニコフ大佐が指揮する防空軍第3師団である。それは、市守備隊や第40軍から派遣された戦車大隊、N・シュヴェードフ大佐の防空軍第101戦闘機師団と連携しながら、7月5日、6日の2日間だけで敵の16回の攻撃と25回の空襲を撥ね退けた。

とはいえ、ドイツ軍部隊がドン河に進出し、ヴォローネジに突入したことによって、ブリャンスク方面軍と南西方面軍の間の断裂は幅300km、深さ170kmに拡がった。

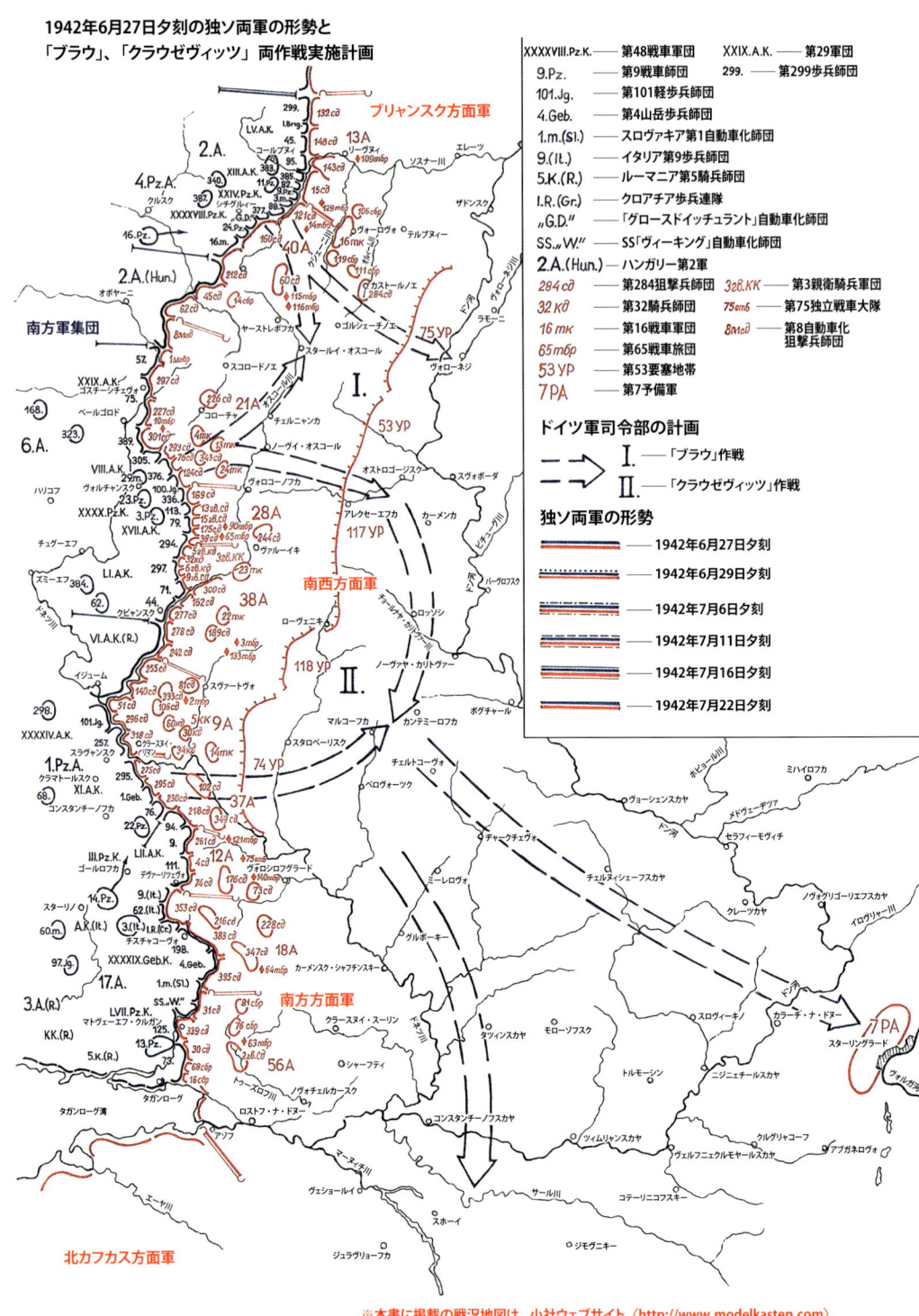

1942年6月27日夕刻の独ソ両軍の形勢と「ブラウ」、「クラウゼヴィッツ」両作戦実施計画

XXXXVIII.Pz.K.	第48戦車軍団
9.Pz.	第9戦車師団
101.Jg.	第101軽歩兵師団
4.Geb.	第4山岳歩兵師団
1.m.(Sl.)	スロヴァキア第1自動車化師団
9.(It.)	イタリア第9歩兵師団
5.K.(R.)	ルーマニア第5騎兵師団
I.R.(Gr.)	クロアチア歩兵連隊
„G.D."	「グロースドイッチュラント」自動車化師団
SS.„W."	SS「ヴァイキング」自動車化師団
2.A.(Hun.)	ハンガリー第2軍
284 сд	第284狙撃兵師団
32 кд	第32騎兵師団
16 тк	第16戦車軍団
65 тбр	第65戦車旅団
53 УР	第53要塞地帯
7 РА	第7予備軍
XXIX.A.K.	第29軍団
299.	第299歩兵師団
3 гв.КК	第3親衛騎兵軍団
75 отб	第75独立戦車大隊
8 мсд	第8自動車化狙撃兵師団

ドイツ軍司令部の計画

- I. 「ブラウ」作戦
- II. 「クラウゼヴィッツ」作戦

独ソ両軍の形勢

- 1942年6月27日夕刻
- 1942年6月29日夕刻
- 1942年7月6日夕刻
- 1942年7月11日夕刻
- 1942年7月16日夕刻
- 1942年7月22日夕刻

※本書に掲載の戦況地図は、小社ウェブサイト〈http://www.modelkasten.com〉よりPDF形式にてダウンロードが可能となっています（2004年9月現在）

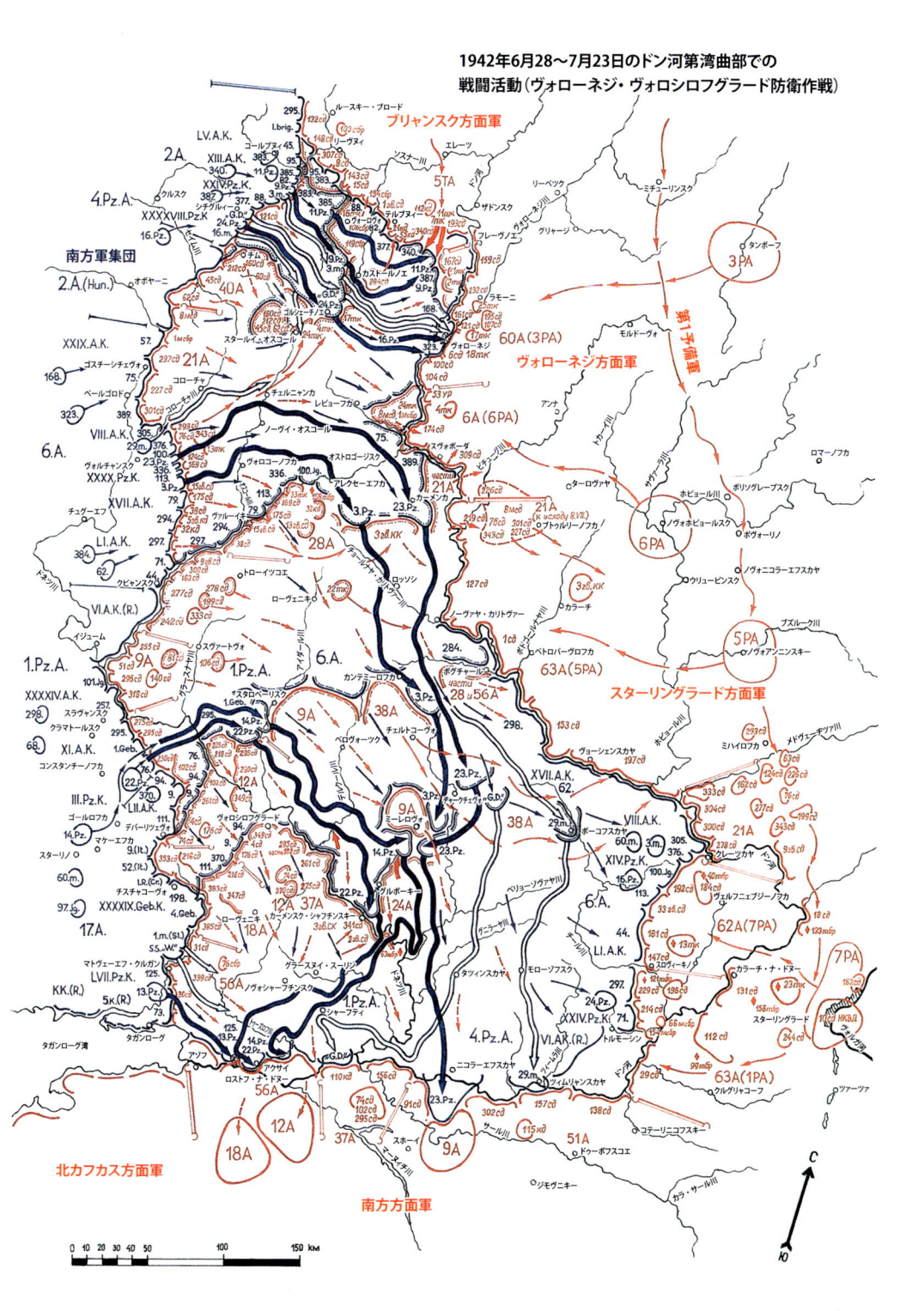

1942年6月28日～7月23日のドン河第湾曲部での
戦闘活動（ヴォローネジ・ヴォロシロフグラード防衛作戦）

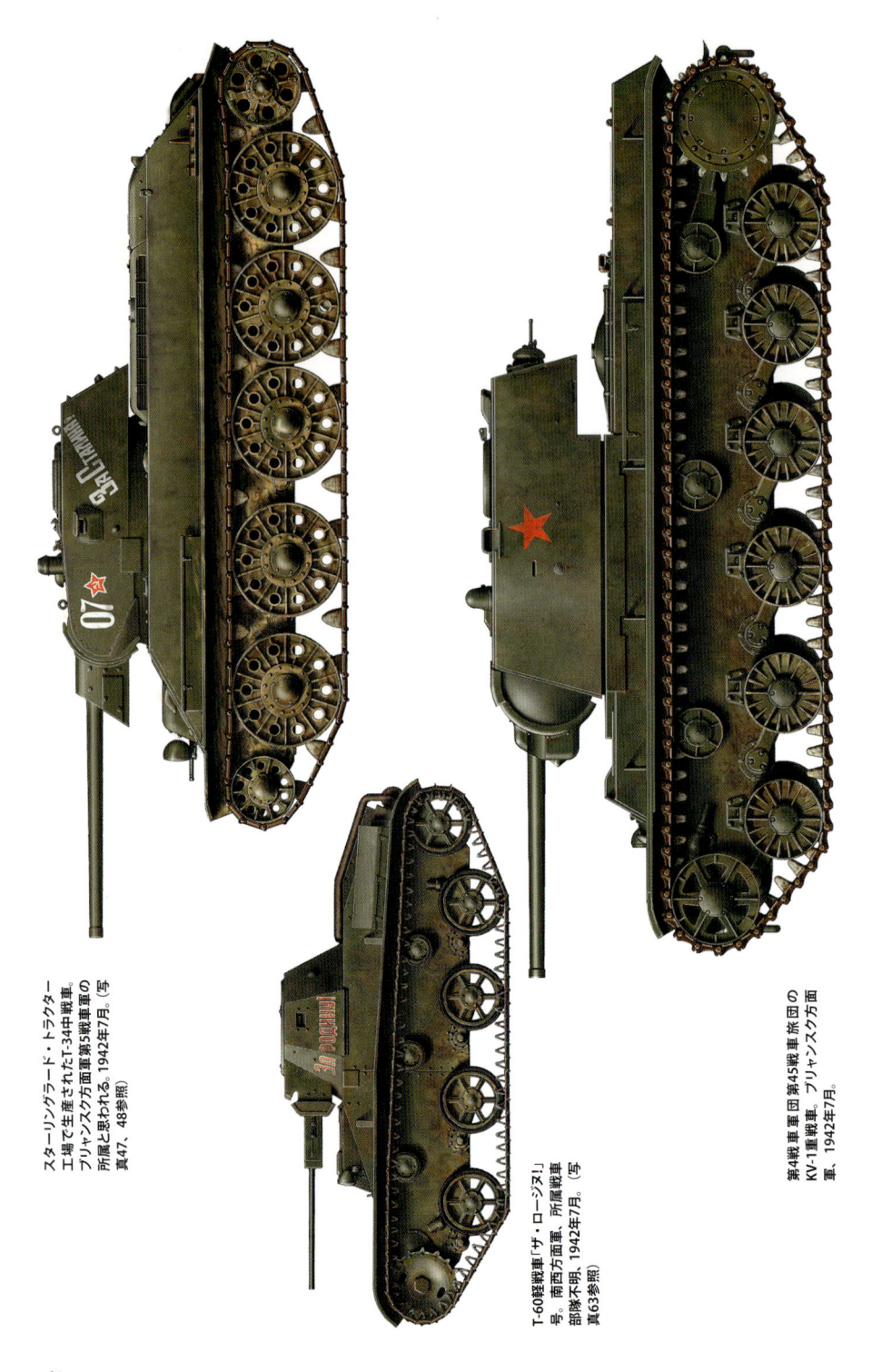

スターリングラード・トラクター工場で生産されたT-34中戦車。ブリャンスク方面軍第5戦車軍の所属と思われる。1942年7月。(写真47、48参照)

T-60軽戦車「ザ・ローズ1」号。南西方面軍、所属戦車部隊不明、1942年7月。(写真63参照)

第4戦車軍団第45戦車旅団のKV-1重戦車。ブリャンスク方面軍、1942年7月。

ソ連第5戦車軍の反撃
КОНТРУДАР 5-Й ТАНКОВОЙ АРМИИ

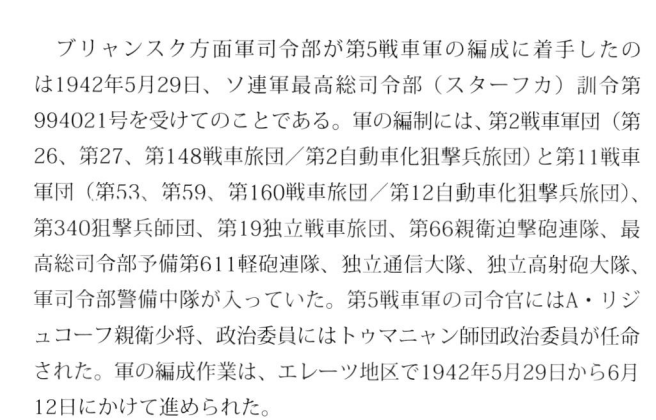

ブリャンスク方面軍司令部が第5戦車軍の編成に着手したのは1942年5月29日、ソ連軍最高総司令部（スターフカ）訓令第994021号を受けてのことである。軍の編制には、第2戦車軍団（第26、第27、第148戦車旅団／第2自動車化狙撃兵旅団）と第11戦車軍団（第53、第59、第160戦車旅団／第12自動車化狙撃兵旅団）、第340狙撃兵師団、第19独立戦車旅団、第66親衛迫撃砲連隊、最高総司令部予備第611軽砲連隊、独立通信大隊、独立高射砲大隊、軍司令部警備中隊が入っていた。第5戦車軍の司令官にはA・リジュコーフ親衛少将、政治委員にはトゥマニャン師団政治委員が任命された。軍の編成作業は、エレーツ地区で1942年5月29日から6月12日にかけて進められた。

2個の戦車軍団の編制はともに同型で、それぞれ、KV-1で武装した重戦車旅団1個とT-34及びT-60を持つ中戦車旅団2個からなっていた（第11戦車軍団はT-34の代わりに英国戦車マチルダが配備されていた）。また、軍司令部の編成が他部隊の編成よりはるかに遅れていたことを指摘しておかねばならない。軍の参謀部と管理部の将校たちが到着し始めたのは、ようやく6月17日のことである。当然、このような遅れは、期間内に部隊の訓練と編成を正常に進めるのを難しくした。

6月17日、第5戦車軍司令部はブリャンスク方面軍司令部からエフレーモフ市地区への駐屯地移動の命令を受領する。ドイツ軍部隊の突破が予想される戦区を守るためである。ここで軍隷下部隊は戦闘訓練を重ね、偵察を行い、防御施設の構築にあたった。

ソ連第40軍と第21軍の連接部の防御がドイツ軍部隊によって突破された後、ブリャンスク方面軍の1942年7月3日付戦闘指令第00259号により、第5戦車軍はエレーツ地区に送り込まれ始めた。部隊の移動集結はふた通りの方法で進められた。歩兵と装軌車両と貨物は鉄道で輸送され、他の装備は行軍して移動した。しかし、エフレーモフ～エレーツ間鉄道路線は輸送処理能力が低く、エフレーモフ地区にはさらに第3戦車軍も同時に移動していたため、第5戦車軍部隊の集結作業は大幅に延長した。たとえば、第340狙撃兵師団が兵員と装備の積み下ろしを終えたのは7月6日のことである。

7月5日0200時に受領された最高総司令部訓令に基づき、第5戦車軍の編制には、カリーニンから送られてくるP・ロートミストロフ大佐の第7戦車軍団（第3親衛、第62、第87戦車旅団／第7自動車化狙撃兵旅団）が加えられることになった。

これと同時に、第5戦車軍司令部は、「ゼムリャンスク～ホホー

アレクサンドル・イリイーチ・リジュコーフ（1900年～1942年）
1919年赤軍入隊。1927年フルンゼ記念軍事アカデミー卒業、その後レニングラード戦車指揮官職能向上科教官、レニングラード軍管区総司令部予備第2独立戦車連隊長。1935年～キーロフ記念第6戦車旅団長。1938年無実の罪で粛清され、1941年初頭釈放、軍に復帰。戦車軍少将に昇進。大祖国戦争開戦当初、第36戦車師団副司令官、第1自動車化狙撃兵師団長、1942年4月～第2戦車軍団長、1942年5月～第5戦車軍司令官、1942年7月～第2戦車軍団長。ソ連邦英雄（1941年8月5日）。1942年7月25日戦死。

パーヴェル・アレクセーエヴィチ・ロートミストロフ(1901年～1982年)
1919年赤軍入隊。1931年フルンゼ記念軍事アカデミー卒業、その後師団及び軍の参謀部に勤務、狙撃兵連隊を指揮。1941年～第3機械化軍団参謀長。大祖国戦争期は戦車旅団長、第7（第3親衛）戦車軍団長（1942年4月～12月）、1943年春～第5親衛戦車軍司令官、1944年8月～赤軍戦車・機械化軍副司令官を務める。1958年～参謀本部軍事アカデミー卒業、1958年～1964年戦車軍軍事アカデミー校長、その後ソ連国防大臣顧問、ソ連国防省総監部査閲官を歴任。

1942年7月6日～17日のソ連第5戦車軍の戦力構成と損害

軍団	旅団	戦車の種類	7/6の保有数	戦闘時に全損	7/17の保有数	要修理車両
第2戦車軍団	第26戦車旅団	T-34	44	28	16	14
		T-60	21	—	21	5
	旅団計		65	28	37	19
	第27戦車旅団	T-34	44	35	9	2
		T-60	21	15	6	—
	旅団計		65	50	15	2
	第148戦車旅団	KV-1	26	26	—	—
		T-60	27	24	3	—
	旅団計		53	50	3	—
軍団計			183	128	55	21
第7戦車軍団	第3親衛戦車旅団	KV-1	33	23	10	9
		T-60	27	24	3	—
	旅団計		60	47	13	9
	第62戦車旅団	T-34	44	23	21	15
		T-60	21	7	14	6
	旅団計		65	30	35	21
	第87戦車旅団	T-34	52	21	31	23
		T-60	35	7	28	9
	旅団計		87	28	59	32
軍団計			212	105	107	62
第11戦車軍団	第3戦車旅団	KV-1	24	8	16	9
		T-60	27	8	19	15
	旅団計		51	16	35	24
	第59戦車旅団	Mk.IIマチルダ	44	31	13	8
		T-60	21	5	16	4
	旅団計		65	36	29	12
	第160戦車旅団	Mk.IIマチルダ	44	20	24	14
		T-60	21	4	17	11
	旅団計		65	24	41	25
軍団計			181	76	105	61
	第19戦車旅団	T-34	44	23	21	12
		T-60	21	9	12	2
	旅団計		65	32	33	14
軍合計			641*	341	300	158

*)この内訳は、KV-1重戦車83両、T-34中戦車228両、Mk.IIマチルダ戦車88両、T-60軽戦車242両で、T-60が第5戦車軍の保有戦車総数の38％を占めた。
(出典：ロシア国防省中央公文書館フォンド331、ファイル管理簿5041、ファイル32、60～69ページ)

ル方面に攻撃を発起し、ドン河へヴォローネジ方向に突入してきた敵戦車集団の連絡路を遮断してその後方に回り、敵のドン河渡河を頓挫させ、カストールノエ地区で戦闘中の第40軍部隊の脱出を援助すべし」、との任務を受領した。しかも、最高総司令部はこの作戦を第5戦車軍全部隊の集結を待たずして開始し、「第2及び第11戦車軍団を旅団単位で戦闘に投入する」よう要求した。戦車部隊の掩護は、ヴォロジェイキン少将の航空集団が担当することになった。

ブリャンスク方面軍の元参謀長のM・カザコーフ上級大将は後に語っている——

「大量の戦車兵力、せめて前線12～15kmに対して旅団4～5個による一斉攻撃を組織する代わりに、戦車軍団の司令官たちは兵力を行

アレクサンドル・フョードロヴィチ・ポポーフ（1896年〜1979年）
1917年赤軍入隊。1941年3月〜1942年1月第60戦車師団長、1942年5月〜1945年5月第11（1943年9月19日〜第8親衛）戦車軍団長。1946年〜予備役。

52：Ⅳ号戦車F2型が歩兵を搭載して攻撃発起線に向かっている。第22戦車師団地区、1942年7月。この車両は戦術番号924を持ち、迷彩としてグレーの砲塔に黄色の帯が引かれている。（ASKM）
付記：ドイツ版タンクデサントといった趣だ。このように安全な状況なら戦車を兵員輸送車代わりにも使えるが、戦場では戦車に射撃が集中するので、むしろ歩兵は戦車から離れて行動した方が良い。

軍縦隊からそのまま突撃させるやり方で、各軍団から大隊を約2個ずつ前から順に送り出していた。その結果、戦車軍団の攻撃は実質的にはこれら先鋒大隊だけの戦闘となり、ほかの部隊は停車したままだったので、ドイツ軍機の空襲を受けて無意味な大損害を出した。だが、この頼りない攻撃でさえ、敵をして第24戦車軍団の隷下戦車師団を両方とも北に反転させ、第11師団はテルブヌィーに、第9師団はゼムリャンスクを経てオジョールキに向かわしめた」。

　7月6日〜7日の間は、軍団部隊はまだ集結の途中にあった。第66親衛迫撃砲連隊が到着したのはようやく7月7日朝のことであり、第2戦車軍団が目的地に到達したのも7月7日1000時、その配下の第148戦車旅団がドルゴルーコヴォ駅で下車作業を始めたのは同日1100時になってからだった。第7戦車軍団が反撃発起の命令を受領したのは7月6日の0130時であったが、命令書には攻撃開始が0600時、すなわち4時間半後に指定してあった。第11戦車軍団はイヴァーノフカ地区にようやく7月7日の0200時に辿り着いたが、前日は朝から夜まで始終ドイツ軍航空部隊の爆撃にさらされていた。

　こうしてみると、7月6日の朝に反撃を発起できるのは第7戦車軍団だけで、しかもその半数の旅団は第2梯団と予備にあった。反撃の最中に第7軍団部隊は、進撃中のドイツ国防軍第11戦車師団の戦車群と遭遇し、終日これと戦った。

　0700時、第7戦車軍団と到着したての第11戦車軍団の隷下部隊

は攻撃に転じ、ドイツ軍部隊をペレコーポフカ〜オジョールキ〜カーメンカの線に押し返した。ただし、この時第11戦車軍団の第53及び第160戦車旅団はコビィーリヤ・スノーヴァ川を渡河中に擱坐し、戦闘には加わらなかった。

　7月8日朝、第7及び第11戦車軍団は再びドイツ軍部隊を攻撃し、スハーヤ・ヴェレイカ川に進出した。この戦闘には、ようやく正午に渡河を完了した第53及び第160戦車旅団も参加した。しかも、フルシチョーフカの東で行動していた第59戦車旅団の1個大隊は、沼にはまり込んだ半数の戦車を置き去りにしたまま戦った。1830時、ブリャンスク方面軍副司令官チービソフ中将は、第5戦車軍に次の訓令を伝えた──「同志スターリンは、万難を排しても本日中にゼムリャンスクを取るよう命じた。第2戦車軍団はいかなる場合にも出撃させず、第2梯団に保持すべし。個々の車両をさらに前方へ突入させ、敵の後方と輸送手段を破壊すべし」。

　だが、与えられた任務を第5戦車軍の戦車軍団は遂行できなかった……ソ連戦車はドイツ軍の砲兵と戦車の強力な射撃に停止させられたのだ。その上、泥濘状の小さなコビィーリヤ・スノーヴァ川とスハーヤ・ヴェレイカ川は戦車が通行できる場所ではないことが判明し、進撃速度を大幅に低下させた。しかし、とりわけ大きな損害はドイツ軍航空部隊によってもたらされた。ドイツ軍航空隊は、間断なく第5戦車軍の戦闘隊形や後方や連絡路を爆撃し続けた。ルフトヴァッフェの活動が最も活発になったのは7月8日の1400時からで、12〜20機単位の爆撃機編隊がいくつかの目標に対して7〜9回

イヴァン・ガヴリーロヴィチ・ラーザレフ（1898年〜1978年）
1918年赤軍入隊。大祖国戦争期は機械化軍団長（1941年6月〜9月）、第2戦車軍団長（1942年5月〜7月）、レニングラード方面軍第55軍司令官（1942年）、北カフカス戦線（S・ブジョンヌイ元帥方面軍総司令官として、クリミア方面軍、セヴァストーポリ防衛地区、北カフカス軍管区、黒海艦隊、アゾフ小艦隊の統括機関）として1942年4月21日に編成されるが、ひと月と経たぬ同年5月19日に廃止された（訳者注）軍機甲科担当副司令官を歴任。1958年〜予備役中将。

53：ドイツ軍歩兵がSd.Kfz.250の支援のもとで戦闘を行っている。ドイツ第17野戦軍地帯、1942年7月。手前は撃破されたソ連軽戦車T-70。(BA)

付記：Sd.Kfz.250は、歩兵半個小隊を輸送するための装甲兵員輸送車で、写真の初期型は1941年6月から1943年10月までに4,200両が生産された。側面のジェリ缶は、白十字が描かれているのがわかるが、これは水用であることを示している。

53

54：SS「ヴィーキング」自動車化師団に所属するⅡ号戦車が窪地を乗り越えている。ドイツ第17軍地帯、1942年7月。（ASKM）
付記：Ⅱ号戦車F型である。

　ずつ爆撃を繰り返した。薄暗くなってからドイツ航空部隊の勢いはいくらか落ちたが、それでも空襲は止まなかった。ドイツ軍機は目標を照明弾で照らし出していた。空襲で最も大きな損害を蒙ったのは、第2及び第12自動車化狙撃兵旅団の歩兵である。時折彼らは戦闘行為そのものを中断せざるをえなかった。

　第5戦車軍司令官A・リジュコーフ少将はブリャンスク方面軍司令部に対して、十分な上空掩護を要請した。「我々を上空から掩護していただきたい。われわれは必要なことはすべて行う」。「鉄拳を食らわすことを許されず、軍を部隊単位で戦闘に投入するよう強いられたが、今だけは小官のやり方で戦うことをお許し願いたい。航空隊を出していただきたい。でなければ全滅するだろう」と、彼はブリャンスク方面軍副司令官のN・チービソフ中将に訴えた。それに対してチービソフは、何の根拠もなしにリジュコーフを臆病者と呼んだ（A・リジュコーフ少将は自軍の軍事的不首尾と不当な屈辱に深く心を痛めていた。彼は反撃失敗の後、文字通り自らの居場所を見つけることができなかった。第5戦車軍の解散後、彼は第2戦車軍団長に任命された。1942年7月25日、第2戦車軍団第148戦車旅団第89戦車大隊が包囲された。この時すでにブリャンスク方面

55：ソ連のある町に停車中のドイツ第4戦車軍所属Ⅳ号戦車F2型の縦隊。ドン河大湾曲部、1942年7月。(BA)
付記：後ろは42口径5cm砲を装備したⅢ号戦車J型初期型である。

　軍司令官となっていたあのN・チービソフ将軍が軽率な命令を発した、──「軍団長は戦車に搭乗し、大隊の方向に突撃せよ」。この考えの無意味さは明らかである──戦車に乗って大隊救援に向かうリジュコーフ少将は、軍団を指揮する可能性を奪われたからだ。しかし、少将は命令に従うほかなかった。A・リジュコーフとアソーロフ連隊政治委員はKV戦車に乗って、ヴォローネジ州メドヴェージエ村地区の188.5高地西方にある小さな林に向かって出発し、そのまま帰隊しなかった（後に判明したところでは、リジュコーフの戦車が包囲網突破の最中に撃破され、リジュコーフとアソーロフは戦死した）。

　7月9日朝の時点でソ連第11戦車軍団にはKV重戦車と英国製のマチルダ戦車があわせて63両、それにT-60軽戦車約60両が可動状態にあった。戦闘はドイツ軍のフルシチョーヴォ方面での奇襲で始まった。その結果、ソ連第12自動車化狙撃兵旅団の1個大隊が後退を始めたが、やがてパニック状態になって壊走した。しかし、この大隊の壊走はすぐに制止され、指揮官を交代させ、5両の戦車を支援につけて、正午には態勢が回復された。第11戦車軍団の戦車旅団によるスハーヤ・ヴェレイカ川の渡河作戦は、ドイツ軍の強力な砲

56：ドイツ国防軍のある戦車師団のSd.Kfz.251がドン河に進出している。南方軍集団地帯、1942年7月。（ASKM）

撃と空襲を受けて失敗に終わった。ドイツ軍航空部隊はこの日、ソ連第53及び第59の2個戦車旅団に対してだけでも160回以上の戦闘出撃を行った。7月9日の戦闘で、第11戦車軍団はドイツ戦車15両を撃破し、自らは8両の戦車を失った。

ソ連第7戦車軍団は攻撃を7月9日0400時に開始し、しばらく経って配下の第19戦車旅団の一部がスハーヤ・ヴェレイカ川の渡河に成功した。だが、ドイツ軍機が軍団の戦闘隊形を終日爆撃し続けたため、川に渡河施設を架設することは成功しなかった。ドイツ軍機の攻撃は猛烈で、ソ連軍歩兵はスハーヤ・ヴェレイカ川の岸に出ることもできなかった。この時、ソ連第7自動車化狙撃兵旅団の2個大隊の損害は、兵員と兵器の50％にも達した。第2戦車軍団は、命令に従って戦闘には投入されず、第2梯団に残っていた。

翌日の戦闘はさらに激しさを増した。ソ連第5戦車軍司令部はようやくにして、第2戦車軍の戦闘投入の許可を受け取った。しかし、ドイツ軍もまた時間を無駄にはしなかった——砲兵と戦車の追加兵力を近くに集結させたのだった。1日中、戦車同士の激しい格闘が繰り広げられたものの、ソ連軍部隊は前進を果たすことができなかった。夜間に第5戦車軍の編制に、敵の包囲網から脱した第2対戦車駆逐師団第3旅団が到着したが、その兵器は76㎜砲14門と45㎜砲8門に過ぎず、しかも牽引装備はほとんど皆無であった。

7月11日、ソ連戦車軍団はドイツ軍航空部隊の絶え間ない空襲に

さらされ、ゆっくりと前進はしながらも、損害を大きくしていった。第11戦車軍団はこの日だけで21両の戦車を失い、夕刻の時点で可動状態に残ったのはKV重戦車とマチルダ戦車が13両、T-60軽戦車が6両であった。第7戦車軍団第3親衛戦車旅団は同日、12両のKV重戦車が撃破されてしまった。ドイツ軍部隊の損害もまた大きかった。ソ連第2戦車軍団だけでもこの日にドイツ戦車を25両も撃破または損傷させ、さらに1両を可動状態のまま鹵獲した。他方、自らの損害はKV重戦車6両、T-34中戦車6両、T-60軽戦車4両であった。

　7月12日、兵力をさらに集めたドイツ軍は反撃に出て、ソ連第2及び第7戦車軍団を大規模な歩兵と戦車で攻め立てた。これまでの戦闘で多大な損害を出して弱体化していたソ連第5戦車軍の隷下旅団は後ずさりを始めた。第5戦車軍の編制に移される第193狙撃兵師団は第2及び第7戦車軍団の前線に向かわせられていたが、突破してきたドイツ戦車群に不意打ちを食らった。狙撃兵師団の行軍隊形は大きく間延びし、そのうえ朝からドイツ軍航空部隊の爆撃に晒されていた。このため、師団は部分的に壊滅・壊走していき、戦闘能力を失った。個々の残存部隊は第11戦車軍団と第2対戦車駆逐師団第3旅団に統合された。

　翌日のドイツ軍の北方への進撃は、ソ連第7及び第11戦車軍団と第2駆逐師団によって制止された。1400時にはドイツ軍部隊の後方に、予備として待機していた第2戦車軍団第26戦車旅団の手綱が放たれた。この旅団の眼の前にはドイツ戦車38両と1個連隊規模の歩兵が行動していたが、猪突猛進の奇襲により3時間の戦闘でドイツ軍部隊の進撃を遅滞させるだけでなく、押し返すことに成功した。この中で、1,000名に上るドイツ軍将兵が死傷し、戦車8両が大破、7両が撃破され、36台の自動車と40台のオートバイ、5両の装甲輸送車、1両の牽引車が破壊された。他方のソ連第26戦車旅団は、負傷者3名を出し、戦車5両が軽微な損傷を受けただけで済んだ（これら5両はみな可動状態にあった）。ソ連戦車兵は砲弾766発（このうち徹甲弾は52発）と銃弾5,000発を消費した。

　それからの2日間、ソ連第5戦車軍部隊は到達した線で戦闘を続け、7月15日の夕方に攻勢に転じた。翌16日の夕刻までに第5戦車軍はドイツ軍部隊を押し返して、フルシチョーヴォ～オジョールキ～ローモヴォの線に進出し、そこで防御を固めた。だが、これらの戦闘では、敵の抵抗が極めて脆弱であったにもかかわらず、部隊の前進はすこぶる遅々としており、その点を軍副司令官スレイコフ将軍は第7戦車軍団長ロートミストロフ大佐に注意した。

　7月18日にかけての夜半、第5戦車軍部隊は第284及び第193狙撃兵師団の諸部隊にとって代わられ、後方に移された。同じ日、1942年7月15日付の最高総司令部訓令第170511号に基づき、第5

57：ヴォローネジ市の街路に立つドイツ国防軍第16戦車師団のⅢ号戦車L型。砲塔側面に同車の戦術番号324が見える。（BA）
付記：車体前面の増加装甲板の取り付け状況、砲塔前面の増加装甲板取り付け枠のディテールがよくわかる。

戦車軍は解散された。

　第5戦車軍参謀部の資料によれば、軍隷下部隊は7月6日から16日にわたる戦闘で、ドイツ軍の将兵1万8,920名を戦死させ、戦車317両、火砲358門、迫撃砲166門、機関銃119挺、自動車310台、航空機30機を破壊した。

　他方、自らの損害は人員7,929名（戦死1,535名、負傷3,853名、消息不明2,541名）、戦車261両（全損）、火砲81門、機関銃300挺、迫撃砲48門、自動車120台を数えた。

　第5戦車軍の反撃は、ソ連・ロシアの文献に詳しい紹介はなく、しばしば客観性に乏しい。確かに、軍は隷下部隊単位で戦闘に投入され、偵察も航空支援もなく、もちろん甚大な損害を出した。しかし、リジュコーフ少将の戦車部隊の最も重要な功績は、南西方面軍全体の包囲を目的としたドイツ第4戦車軍の主力を自らにおびき寄

せて、数日間にわたって進撃を引き留めたことであった。リジュコーフ少将率いる第5戦車軍の反撃は、ドイツ軍司令部の「ブラウ作戦」と「クラウゼヴィッツ作戦」の当初の計画を大きく狂わせることに寄与した。

M・カトゥコーフ戦車軍元帥はその回想録の中で第5戦車軍の活躍について次のように書いている。

「ようやく今にして、公文書資料を調べれば、歴史文献の中で個別の名称さえ与えられなかったこの作戦が、いかに的確かつ精緻に企図されたものであったかを理解することができよう。最高総司令部のこの企図の意味は、第5(戦車)軍が新たに到着した第7戦車軍団を追加受領し、この時すでに兵力がまばらとなっていた第1及び第16戦車軍団の支援下で、『ヴァイヒス』戦闘集団の北翼に沿ってゼムリャンスク～ホホール方向に北から南へ攻撃を発起し、敵の連絡路を断ち、ドン河の渡河を頓挫させ、さらに敵の側背に回って、第40軍左翼師団が包囲網から脱出するのを援助することにあった。7月6日、第5軍は反撃を発起した。ヒットラー軍司令部は『ヴァイヒス』集団の左翼を案じ、2個戦車師団と3個歩兵師団を北転させ、リジュコーフ部隊に対して航空部隊の大半を差し向けざるをえなくなった。敵のヴォローネジ攻撃ははるかに弱まった。もちろん、反撃の成果は、もしリジュコーフにその準備時間があったならば、もっと大きかっただろう。軍は隷下部隊単位で、しかも決まって、行軍の足を停めることなく、現地や敵情の偵察もなしに戦闘に投入されていった。これも相当、軍の攻撃威力を弱めることになった。また、否定的な影響を及ぼしたものとしては、戦車に対する砲兵支援の脆弱さ、信頼できる航空支援の欠如がある。そのうえ、敵は第5戦車軍の出撃陣地への移動を発見した。これは、軍の投入の奇襲性を失わせた。以上の点にさらに、リジュコーフ軍は戦闘経験がなかったことを付け加えておかねばならない」。

ブリャンスク方面軍の元参謀長M・カザコーフ将軍は後に認めている——

「ブリャンスク方面軍地帯に生まれた兵力比(とりわけ戦車数において)をもってすれば、わが軍は敵の計画を乱すばかりでなく、その主攻撃部隊に壊滅的な敗北をもたらすこともできたはずである。なぜそうはならなかったのか？ ここでは、先にも指摘したとおり、部隊指揮における深刻な過ち……複雑な状況下での部隊統率経験の不十分さが影響したからだ。

戦車軍の最初の戦闘は不首尾に終わった。そしてすぐに、このような戦術組織の無用性が議論され始めた。失敗の真の原因は……当時のわが軍の指揮官層(最上級司令官層にいたるまで)に大規模な戦車戦を組織する能力がまだなかったことにある。このような戦闘

にはまた、戦車部隊自体も準備ができていなかったのだ」。

　第5戦車軍の活動についてドイツ軍がどのような見方を持っていたのかを知るのも興味深いところだ。たとえば、この点についてドイツ国防軍戦車軍将軍F・ミレンチンは回想録に次のように書いている。

　「ゴロジーシチェでの戦車戦で……ロシア軍の先鋒戦車部隊はまず戦車軍団の対戦車砲に迎えられ、その後、敵を翼部と後方から攻撃していたわが戦車軍に掃討されていった。わが軍の指揮官たちにはしかるべきときに敵情を"覗き"（これはもちろん航空部隊を使ってのことである：著者注）、敵が何を準備しているかを知ることができたため、彼らは待ち伏せ陣地を用意し、敵の反撃をひとつひとつ撃退することができたのである。1940年のフランス軍と同じく、ロシア軍司令部は狼狽し、戦闘に予備兵力を部隊ごとに分けて投入し出したが、これは第4戦車軍にとって好都合だった」。

　しかしながら、将軍や元帥たちの主張や回想も、ソ連第5戦車軍のあの悲運の反撃においてリジュコーフ戦車部隊が直面した試練の実相を伝えきってはいない。これについては、前線従軍記者のYu・ジューコフが、第5戦車軍戦車兵の戦いぶりを目撃した者のひとりとして伝えている——

　「ドイツ軍砲兵部隊は砲撃を強め、友軍戦車の後退を掩護していた。

58：Sd.Kfz.251/9に取り付けられた7.5cmKw.K L/24砲の砲身清掃作業。南方軍集団地帯、1942年7月。この装甲車には、標準の灰色塗装の上に黄色の斑点の迷彩が施されている。（BA）
付記：7.5cm榴弾砲を搭載したSd.Kfz.251/9中型装甲兵員車（7.5cm）は、機甲歩兵中隊の火力支援用に使用された。搭載された砲は、旧型IV号戦車の7.5cm砲で、いわば廃物利用であった。弾薬搭載数は51発である。

58

59：第24戦車師団に所属するⅢ号戦車の上に乗ったドイツ歩兵。ドン河大湾曲部、1942年7月。(BA)
付記：Ⅲ号戦車J型初期型である。砲塔上に乗せられているのは、予備の転輪ゴム部だろうか。

(ソ連第5戦車軍)参謀部員たちは戦場に興奮した眼差しを向けていた。ドイツ軍の砲弾の炸裂がだんだんわが軍の戦車に接近しつつあった。あの小麦畑には多数のドイツ対戦車砲が隠れているのが感じられた。それを圧殺する手段は何もなかった。わが軍の戦車兵らは自分自身以外に頼るべきものはなかった。そして彼らは死の砲火に向かって前進していった。わが戦車群が近づけば近づくほど、死の砲火はその効果を上げていった。正常な条件下だったならば、爆撃機と砲兵を使ってあらかじめヒットラー軍の陣地を耕しておくはずだった。だが、そのような可能性は今の我々にはなく、上からは『前進せよ、ひたすら前進あるのみ』、と繰り返されるばかりだった。

　我らが戦車兵は巧妙に立ち回り、砲弾の炸裂から身をかわしていた。しかし、奇跡はこの世にあろうはずもなく、やがて私は高々と立ち昇る黒煙を10本ほど数えた。燃えているのはわが軍の戦車だった。

　わが軍の観測所内にとりわけ大きな興奮を呼び起こしたのは、次のエピソードだ。友軍戦車がさらにもう1両撃破され、砲塔の上に煙が上がった。その数秒後、炎の柱が上方に衝き上がり、すでに夕闇が濃くなりつつあった盆地を赤々と照らし出した。ところが、このとき遠い砲声が聞こえた。燃え上がる戦車の頑強な主砲が砲弾を吐き出したのだ。そしてもう1発……さらにもう1発……。

　──俺たちのやり方だ、戦車兵の流儀だ──かすかに聞き取れるよ

60：軍の映画カメラマンが第14戦車師団の装輪式装甲輸送車Sd.Kfz.247から撮影を行っている。1942年7月。
付記：本車のこのような使用状況がわかる、非常に珍しい写真である。

うな声を漏らした大佐は、鉄兜を取った。
　戦車兵たちは黙ったまま、乾いた、しかし燃えるような瞳で同志らの最後の闘いを見守っていた。誰が、あの燃える戦車の中にいるのか？　見たところどの戦車も同じである。英雄たちの名は後になって、戦車兵らが戦場から戻ったときに判った。だが、彼らが誰であろうと言えることはただひとつ、彼らはみな、ソヴィエト戦車兵。英雄として死んでいく。……1分、……2分、重苦しい瞬間が続く。ひょっとしたら、ハッチが開いて人が姿を見せるのではなかろうか？　否、今あそこでは熾烈な格闘が繰り広げられているのだ。そして、戦車の中でもわかっているはずだ。勝敗を決するうえでは、彼らの砲がまだ発射することのできる砲弾1発1発が大切なことを。
　砲声が止んだ。オレンジ色の火柱はますます高く昇り、そして軍旗のように、コバルト色の空に広がっていった。戦場の轟音と叫喚の間から、こもった破裂音が頻繁に鳴り出した。撃ち残した弾薬が爆裂しているのだ。あの戦車のすべてが終わったのだ」。

ヴォローネジ方面の戦いの後
ИТОГИ БОЕВ НА ВОРОНЕЖСКОМ НАПРАВЛЕНИИ

　一連の失敗にもかかわらず、ブリャンスク方面軍のヴォローネジ地区での献身的な戦いは、ドイツ軍とその同盟国軍の「ブラウ作戦」と「クラウゼヴィッツ作戦」の計画に基づく次の攻勢スケジュールを狂わせ始めた。ドイツ第4戦車軍はヴォローネジ郊外の戦闘に手間取り、計画時の前進テンポを失い、ドイツ国防軍司令部は作戦計画の修正を余儀なくされた。

　"1942年の主作戦（「ブラウ作戦」）"の成功を信じきっていたアドルフ・ヒットラーは、A軍集団とB軍集団の指揮を自ら執ることにした。部隊指揮改善のため、大本営は東プロシアからヴィンニツァに移された。ここでは、ヴィンニツァ市から15kmの小さな森の中に新たな幕営が整備され、その名は「ヴェアヴォルフ(人狼)」[注16]と呼ばれた。

　この間、ドイツ軍司令部は、さらにふたつの攻撃を発起してカンテミーロフカの挟撃を図った。ひとつは、オストロゴージスク地区から第6野戦軍部隊を、もうひとつはアルチョーモフスク地区から第1戦車軍を進撃させることが計画された。

　刻々と変化する戦況を背景に、ソ連軍最高総司令部は7月6日、南西方面軍と南方面軍の主力を敵の攻撃から免れさせ、新たな防衛線に後退させることを命じた。同時に、ヴォローネジ地区、スターリングラード及びカフカス地方への進入路の防衛を準備するために、予備兵力の集結作業が進められた。

　最高総司令部の予備兵力からは、ヴォローネジ地区に第3及び第6両予備軍と第18戦車軍団が差遣された。エレーツ方面には第8騎兵軍団と独立戦車旅団2個、さらにこの方面へ後退して来た第1及び第16戦車軍団が配置された。

[注16] 第二次世界大戦中、ヒットラーは戦役に合わせてヨーロッパ中に多数の本営を設けて使用した。一番有名なのが東プロイセンのラシュテンブルクの「ヴォルフスシャンツェ（狼の巣）」で、独ソ戦中のほとんどの期間ヒトラーはここで指揮をとった。ウクライナのヴィニツィアに設けた「ヴェアヴォルフ（人狼）」は、1942年の夏季に使用された。その他西方戦役中は、ドイツ・アイフェル山地の「フェルゼンネスト（岩の巣）」、ベルギーの「ヴォルフスシュルホト（狼の谷）」、1944年のアルデンヌの戦い中は「アドラーネスト（鷲の巣）」などが使用されている。（監修者）

61：撃破されたソ連戦車T-60をドイツ兵が調べている。南西方面軍、1942年7月。同車の戦術番号は216。（BA）

62：ドイツ軍の輜重隊が、撃破されたソ連軍のT-60軽戦車の傍を通り過ぎようとしている。ドン河大湾曲部、1942年7月。ゴムバンドのないユニット鋳造の転輪からして、この戦車はスターリングラード第264工場（元造船所）で製造されたと思われる。（BA）
付記：T-60はスターリングラードの第264工場の他、スベルドロフスクの第37工場、キーロフの第38工場、ゴーリキーのGAZ工場で生産された。

61

62

83

63

64

63：故障か燃料切れのために乗員が遺棄したT-60軽戦車。南西方面軍地帯、1942年7月。砲塔には「ザ・ロージヌ！（祖国のために！）」のスローガンが読み取れる。（BA）

64：乗員によって遺棄されたT-60軽戦車を調べるドイツ兵。南西方面軍地帯、1942年7月。（BA）

ソ連第18戦車軍団の戦闘活動
БОЕВЫЕ ДЕЙСТВИЯ 18-ГО ТАНКОВОГО КОРПУСА

　第18戦車軍団管理部は、1942年6月15日付国防人民委員訓令第725850号に則りモスクワ機甲センターによって編成が開始された。軍団の編制には、第110（タンボフ市で編成）、第180、第181戦車旅団（ともにスターリングラード市で編成）と第18自動車化狙撃兵旅団が編入された。軍団の司令官にはチェルニャホフスキー少将が、政治委員にはロマーノフ連隊政治委員が、参謀長にはパーヴロフ大佐がそれぞれ任命された。6月の末、軍団隷下部隊はヴォローネジ地区へ急派され、現地には1942年7月2日から4日の間に到着した。

　第18戦車軍団部隊の編成は性急に進められたため、戦車旅団は高射砲や無線装置を持たず、自動車化狙撃兵旅団はまったく戦闘能力を欠いていた。すなわち、この旅団には下士官が628名不足し、弾薬も自動車運転手も皆無であった。軍団司令部も定数は満たしておらず、多数の将校は自分の役職とは違う部署に配された。

　このような状態の軍団が、装備を積み下ろした直後に個々の部隊に分かれて戦闘に投入され、78kmもの前線を担当させられることになったのだ。加えて、7月5日のヴォローネジ市南西端で戦闘が激しさを増していた頃、全砲兵部隊とNKVD部隊は勝手に市を放棄し、ヴォローネジ川の東岸に撤退した。そのため、第18戦車軍団

65：攻撃発起線に進むⅣ号戦車F2型。ドイツ第4戦車軍、1942年7月。車両前部フェンダーには戦車連隊章が付いている。
付記：車長はキューポラ上に頭を出し、歩兵を踏み潰さないように前方を注視している。砲塔前面右側のクラッペも開いており、装填手も前方を視察しているのだろう。

1942年7月3日～23日のソ連第18戦車軍団の保有戦車と損害

部隊	車種	7/3の保有数	補充車両数	全損	撃破	7/23の可動車両数
第180戦車旅団	KV-1	24	18	12	8	22
	T-60	27	—	3	4	20
第181	T-34	44	20	33	15	16
	T-60	21	25	11	7	28
第110戦車旅団	T-34	44	20	33	11	20
	T-60	21	—	13	8	—
軍団計		181	83	105	53	106

（出典：ロシア国防省中央公文書館フォンド3415、ファイル管理簿1、ファイル22、1～5ページ；同フォンド3415、ファイル管理簿1、ファイル17、41・85・91ページ）

　の戦車旅団は市の南西部でドイツ軍部隊を独力で制止する羽目となった。この日、第110戦車旅団だけでドイツ軍の戦車38両と火砲22門を撃破、破壊している。

　7月7日、ドイツ第3自動車化師団はソ連第605狙撃兵連隊を追い払って、ポドクレートナヤ地区のドン河渡河施設を奪取し、夕方にはヴォローネジ市の北部をすべて制圧した。この結果、ソ連第110及び第181戦車旅団は友軍から隔離されてしまった。というのも、ヴォローネジ川にかかる橋梁が市守備隊長の命令で爆破されたからだ。7月9日、両戦車旅団はすべての戦車を失って、ドイツ軍の包囲網から脱け出した。翌日、第18戦車軍団部隊は装備補充のために後送された。

　ヴォローネジをめぐる戦闘において第18戦車軍団が個々の旅団に分かれて行動し、しかも命令を軍団司令部からだけでなく、ほかの上級司令部からも受領していたことは指摘しておかねばならない。たとえば、7月4日から8日の間に第180戦車旅団は陣地移動を指示する11件ものばらばらな命令（軍団司令部からの命令を除く）を受け取ったために、300㎞も走り回った挙句、1発も発砲しなかった。

　このほか、各戦車旅団は歩兵を持たず（その自動車化狙撃兵大隊は別個に行動していた）、砲兵や航空部隊の掩護も受けられなかった。しかしそれにもかかわらず、7月4日から9日の間、戦車旅団は1日に5～8回ものドイツ軍の攻撃を撃退していった。

　7月19日、20日の両日、軍団隷下の戦車旅団は第303狙撃兵師団と連携してドイツ軍部隊をヴォローネジ市北部から駆逐しようと試みた。しかし、この攻撃は成功せず、その後戦車を追加補充された第18戦車軍団はヴォローネジ地区で1942年8月末までずっと戦い続けた。

イヴァン・ダニーロヴィチ・チェルニャホーフスキー（1906年～1945年）
1924年赤軍入隊。1936年労農赤軍機械化・自動車化軍事アカデミー卒業。1941年3月～沿バルト特別軍管区第28戦車師団長。大祖国戦争期は第28戦車師団長、第241狙撃兵師団長、第18戦車軍団長、第60軍司令官、西部方面軍司令官、第3白ロシア方面軍司令官を歴任。上級大将（1944年）、ソ連邦英雄（1943年、1944年）。1945年2月18日致命傷を負う。

ヴォローネジ方面軍創設
СОЗДАНИЕ ВОРОНЕЖСКОГО ФРОНТА

　部隊統帥の改善を目的にソ連軍最高総司令部（スターフカ）は7月7日、ブリャンスク方面軍を2個方面軍に分割した。ひとつは、第3、第48、第13総合兵科軍と第5戦車軍、第1及び第16戦車軍団、第8騎兵軍団、方面軍航空隊（7月末に第15航空軍に改編）からなるブリャンスク方面軍であり、もうひとつは、第60、第40、第6総合兵科軍と第4、第17、第18、第24戦車軍団、第2航空軍を擁するヴォローネジ方面軍である。

　N・チービソフ中将が司令官を務めるブリャンスク方面軍には次の任務が与えられた。「第3、第48、第13軍の兵力をもって布陣済みの前線を堅持し、第7戦車軍団と第60軍から抽出した狙撃兵師団1個で強化された第5戦車軍を南方とドン河西岸沿いにホホール方面で活発に行動せしめ、ヴォローネジ付近でドン河に進出した敵戦車群の補給路と後方を遮断すべし」。

　F・ゴーリコフ将軍が今度率いることになったヴォローネジ方面軍部隊の当面の課題は、攻勢に転じて、「万難を排してでもドン河東岸から敵を駆逐し、方面軍全管内においてこの岸に防御態勢を固める」ことであった。

　この日、ブリャンスク方面軍、ヴォローネジ方面軍、南西方面軍、南方面軍の司令官たちは、担当地区の偵察を実施し、隷下部隊の後方で防衛線の構築に着手するよう命じられた。防御準備の支援のため、ヴォローネジ地区には最高総司令部の代表として赤軍機甲総局のYa・フェデレンコ局長とN・ヴァトゥーチン参謀総長代理、空軍軍事会議審議官P・ステパーノフ二等軍政治委員が派遣された。

　やがて、ブリャンスク方面軍司令官の座にはN・チービソフ中将の代わりにK・ロコソーフスキー中将が据えられ、ヴォローネジ方面軍司令官にはN・ヴァトゥーチン中将がF・ゴーリコフ将軍の後任に就いた。この新しいヴォローネジ方面軍にこそ、ヴォローネジ方面の防衛とヴォローネジ付近のドン河左岸沿いの戦線安定化に大きな役割が与えられたのである。そして、ヴォローネジ方面軍のリーヴヌィとテルブヌィーのふたつの地区から発起された反撃は、15個師団に上るドイツ軍部隊を釘付けにし、ドン河中流に進撃してきていた敵の中核部隊を疲弊させることに成功した。

66：ブリャンスク方面軍に到着した
スターリングラード・トラクター工
場製T-34戦車の積み下ろし作業。
おそらく、これらの車両は第18戦
車軍団のものであろう。1942年7月。
（ASKM）

67：スターリングラード・トラクター工場で新たに生産されたT-34戦車群が、南西方面軍に向かう列車に積載されるのを待機している。スターリングラード市、1942年7月。（ASKM）
付記：砲塔前面エッジの形状と、車体側面、フェンダー上に固縛された装備品類が興味深い。

「クラウゼヴィッツ作戦」
ОПЕРАЦИЯ《КЛАУЗЕВИЦ》

　ドイツ軍参謀本部の見方によると、攻勢開始から10日後にドイツ国防軍と同盟国軍は「ブラウ作戦」の最初の目標を達成することができた。すぐさま陸軍総司令部から、「より速やかに前進せよ」と要求する訓令が発せられた。訓令の中では、この目標がより速やかに達せられるいかなる日も、本年の今後の作戦課題の決定に重要な意義を持つであろう、と強調されていた。

　南方軍集団司令官のフォン・ボック元帥は、赤軍の大規模な戦車兵力がヴォロネジに集結すれば、ドイツ軍の最も強力な戦闘集団のひとつである「ヴァイヒス」集団に対して赤軍が北から反撃を発起する条件が整うことを理解していた。そこで彼は、ドン河に沿って南進する前になるべく早急にヴォロネジを完全制圧し、軍集団左翼を安全にすることを提案した。ボック元帥にはホト将軍もヴァイヒス将軍も賛同していた。

　ところが、ヒットラー総統は別の見方を持っていた。ヒットラーは、現在の情勢下でロシア人たちにできることはドイツ軍部隊を釘

89

68：Sd.Kfz.7/1半装軌式牽引車に搭載された四連装2cm高射機関砲Flak38が、ロッソシ地区の渡河作戦を掩護している。ドイツ第6軍進撃地帯、1942年7月。（BA）

付記：カモフラージュがものものしいが、防御力の乏しい本車では巧妙な隠蔽が重要だ。8t牽引車に2cm4連装Flak38対空砲を搭載した2cm4連装Flak38搭載8t牽引車台（Sd.Kfz.7/1）は、1944年までに319両が生産された。2cm4連装Flak38は、4門合わせて毎分1,800発（実用720～800発）という、猛烈な弾幕で、低空攻撃する連合軍航空機の天敵となった。

付けにする防衛戦だけであり、それゆえ敵の反撃を恐れることはないと考えていた。さらに、まだ残っているソ連軍部隊の主力も次々と包囲されていくに違いないと思っていた。ヒットラーの深く信ずるところによれば、最も重要な点は、ヴォローネジ市付近に兵力を集中することではなく、同市南方でドン河に到達し、南方軍集団左翼を歩兵部隊で固めることにある。「ヴォローネジ、それは主目標ではない。それよりはるかに重要なのは、この地区の大飛行機工場と鉄道要衝の破壊である」と、ヒットラーは7月3日にポルターヴァの南方軍集団司令部を訪れた際に強調した。そして彼は、ドン河を渡って東征するのではなく、機動部隊をなるべく速やかに南東へ転進させ、ソ連軍部隊をオスコール、ドン、ドネツの大河の間で大包囲する作戦の第2段階（「クラウゼヴィッツ作戦」）を成功に導くよう提案した。ボック元帥はこれに賛成であったが、ヴァイヒス将軍の執拗な説得を受けて、ヴォローネジ急襲制圧の考えをどうしても棄てることができなかった。しかし、ヒットラー総統がポルターヴァを後にしてから丸2日が経って、「ソ連側の抵抗が強まりつつあることから、（ヴォローネジ）市攻略戦から攻撃部隊を至急離脱させよ」との命令が南方軍集団司令部に届いた。だが、このような要求を実行するのはそんなに容易なことではない。そのため、ドン河に沿って南に向かったのはとりあえず戦車軍団1個のみで、それさ

えも作戦の全体的計画を大きく狂わせることになりかねなかった。

　6月28日から7月7日にかけての攻勢でドイツ軍は幅300kmの前線において赤軍防衛陣地帯を突破することに成功した。150～170kmほど前進したドイツ軍部隊は、ヴォローネジ地区でドン河に到達し、ソ連南西方面軍部隊を北から大きく囲い込んだ。

　ドイツ国防軍陸軍司令部は「クラウゼヴィッツ作戦」の発動を決定した。第4戦車軍と第6野戦軍はオストロゴージスクから、また第1戦車軍はアルチョーモフスクから、基本攻撃軸のカンテミーロフカ方面に向かって攻撃を発起し、南西方面軍部隊を左右から大きく包囲することが目的とされていた。

　ブリャンスク方面軍左翼と南西方面軍第21軍が後退し、ドイツ第4戦車軍第40戦車軍団が南東に進路を転じたことにより、南西方面軍は困難な形勢に持ち込まれた。南西方面軍司令官S・チモシェンコ元帥は隷下部隊の後方に敵が進出するのを防ぐため、7月3日の決定で第3親衛騎兵軍団を第28軍の編制から外し、アレクセーエフカ～オストロゴージスク地区に向かわせた。これと同時に、カーメンカ地区に第28軍第199狙撃兵師団と第38軍第333狙撃兵師団が送り出された。

　7月4日、オストロゴージスク地区には第52、第53、第117要塞地帯部隊と第22戦車軍団が派遣され始めた。これらの措置はすべて、ポトゥージェニ川沿いに北面防御を整え、そうすることによってドイツ軍部隊の南東及び南方への進撃拡大を予防するためのものであった。

69：3.7cm高射砲Flak36を搭載したSd.Kfz.7/2半装軌式8t牽引車がヴォローネジ地区で戦っている。1942年7月。（ASKM）
付記：8t牽引車ではなく、5t牽引車を使用した3.7cmFlak36搭載5t牽引車車台（Sd.Kfz.6/2）ではないだろうか。本車は5t牽引車の後部をフラットな架台として、3.7cmFlak36対空砲を搭載した車体で、1943年までに339両が生産された。なお8t牽引車に3.7cmFlak36対空砲を搭載した3.7cmFlak36搭載8t牽引車車台（Sd.Kfz.7/2）は、1943年から1945年2月までに123両が生産された。

しかし、これら予定された措置の実行は失敗した。必要部隊を100～150km離れたカーメンカ～オストロゴージスク地区に移動、再編成させるのにかなりの時間がかかり、しかもこの地区には防衛線がまだ構築されていなかったからである。そのうえ、第38軍、特に第28軍からの兵力抽出は両軍の防御をかなり弱め、他方、抽出された部隊は人員と兵器が定数を大幅に下回っていた。たとえば、南西方面軍軍事会議がソ連軍最高総司令部に送った報告書には、第21及び第28軍部隊が「配下の連隊はそれぞれ40名から60名、師団は300名から400名で、第13戦車軍団は大損害を蒙り戦力たり得ない」と記されている。状況は、ヴォローネジに進出してきたドイツ軍部隊が南西方面軍のおもな連絡を遮断し、補給を乱したことにより、さらに厳しさを増した。エレーツ～スタールイ・オスコール～ヴァルーイキ間とグリャージ～ヴォローネジ～リースキ～オストロゴージスク間の鉄道線路はすでに輸送と退避に使用できる状態になかった。

加えて、南西方面軍司令部はしばしば隷下軍の指揮統制を失っていた。方面軍参謀部と第21軍及び第28軍との有線連絡は7月2日の1400時から途絶え、7月5日からは他軍とも有線連絡が機能しなくなった。無線通信を十分に操作できず、しばしば軽視していたため、最も重要なときに隷下部隊の指揮を完全に喪失してしまった。

もっとも、南西方面軍司令官S・チモシェンコ元帥自身、部隊統

70：ドイツ軍の統制型トラックが、ぬかるみの中をツュンダップ製オートバイを牽いている。ドイツ第4戦車軍軍地帯、1942年7月。運転席のドアには第16戦車師団の戦術識別章が付いている。(BA)
付記：まさにロシアの泥沼である。車両は6×6軽不整地用2.5t統制型ディーゼルである。ビューシング-NAG、MAN、ヘンシェルなど6社で1937年から1940年に1万300両が生産されたが、成功作とは言えなかった。

71：ロストフ地区のドイツ第1戦車軍所属Sd.Kfz.251装甲輸送車。1942年7月。車両前部フェンダーに第1戦車軍の所属を示すKの文字（同軍司令官クライストの頭文字）が見える。（BA）
付記：Sd.Kfz.251の初期生産型のAないしB型車体で、西方戦役以来のベテラン車体である。この時期ではだいぶ珍しいのではないだろうか。

　帥の崩壊に手を貸していた。1942年7月6日、彼は軍事会議審議官とともに、I・バグラミャン将軍に代わって方面軍参謀長となったP・ボージン将軍に予告もせずにゴローホフカ村の補助指揮所に出発した。補助指揮所の通信設備は劣悪で、作戦参謀はひとりもいなかった。その結果、方面軍司令官は隷下軍との連絡を完全に失ったのである。チモシェンコの不可解な出奔は、その後の戦闘活動への彼の影響力を大幅に低下させた。しかも、方面軍主指揮所はこのときカラーチ市地区（ヴォローネジの南東）、前線から150～200kmの地点に移動したのだ。

　ドイツ軍部隊の赤軍前線部隊後方に対する進撃は、南西方面軍直属航空部隊と隷下軍所属航空部隊の飛行場を脅かした。そこでソ連航空部隊はドン河より東側の地区に基地を移動せざるをえなくなったが、これは航空部隊の活動を大きく制限することになった。さらに、これら航空部隊は編成されて間もないため態勢がよく整っておらず、稚拙な無線連絡や他兵種とのしかるべき連携行動の欠如も、ソ連航空兵力の使用効果を低減させた。

　現下の戦況とクリミア半島、特にハリコフ郊外で味わった苦い経験とから、最高総司令部は7月6日に南西方面軍及び南方面軍の隷下部隊を東に後退させる決定を下した。同日最高総司令部の指示を受領した南西方面軍司令官チモシェンコ元帥は、部隊に新防衛線への後退を命じた。ソ連第21軍はドン河東岸のチービソフカ～ロー

1942年6月30日のソ連第22戦車軍団の戦力構成

旅団/車種	KV-1	T-34	Mk.II マチルダ	Mk.III ヴァレンタイン	T-60	計
第36戦車旅団	5	1	1	9	13	29
第168戦車旅団	3	10	—	—	17	30
第13戦車旅団	—	—	—	1	—	1
計	8	11	1	10	30	60

(出典：ロシア国防省中央公文書館フォンド3015、ファイル管理簿2、ファイル6、9ページ)

セヴォ〜パーヴロフスクの線に引き下げられ、ドイツ軍部隊の東岸への渡河を阻止する任務が与えられた。ソ連第28軍は強力な後衛部隊に守られながら、チュープリン〜ヴェイデーレフカの線に後退しなければならなかった。ソ連第38軍は7月8日までにアイダール〜ローヴェニキの線に、またソ連第9軍はベロクラーニノ〜モストキー〜クレメンナーヤの線に、それぞれ到達することになっていた。これにあたり、第9軍司令官A・ロパーチン将軍には、所定の線を固守し、リシチャンスク地区の工業企業に疎開のチャンスを確保すべしとの、最高総司令部の訓令を念頭に置いた命令が下された。南西方面軍司令官チモシェンコ元帥は全隷下軍の司令官たちにすべての兵器資材の撤収の必要性と部隊撤退の夜間限定、強力な後衛部隊による掩護を指示した。

南西方面軍右翼強化のためには、要塞地帯1個がチョールナヤ・カリトヴァー川南岸のロッソシ〜オリホヴァートカの線に防御を固め、ドイツ軍部隊が北方から突入してくるのを阻止することになっていた。ここにはまた、対戦車砲旅団2個が展開した。

ソ連第5戦車軍の反撃が失敗に終わった直後、最高総司令部は南西方面軍司令部に対して防衛地帯2個を創設し、そこの布陣部隊としては要塞地帯2個と対戦車砲旅団3個、第21及び第28軍の後退部隊、後方から差遣される第22戦車軍団及び第3親衛騎兵軍団部隊を使用するよう要求した。しかし、これらの部隊は所定期間内に指示された地区に到着できなかった。戦闘で疲弊しきった第21軍は敵の猛攻に押されてドン河の対岸に引き下がり、第28軍もヴァルーイキまで後退していた。

とはいえ、ヴォローネジを守っていたソ連軍部隊は最高総司令部予備の増援も受けて粘り強い闘いを展開し、ドイツ軍部隊の進撃を食い止めるだけでなく、数日間にわたって敵の南進を遅滞させることに成功した。流動的な戦況はドイツ国防軍司令部をしてヴォローネジ方面に第6軍の編制から第29軍団を抽出派遣せしめ、そのことによって南西方面軍への打撃力が弱まってしまった。

南西方面軍及び南方面軍右翼の部隊撤退命令と同時に、最高総司令部はスターリングラード及びカフカス地方につながる進入路への新戦力の集結と防衛態勢の整備に着手した。スターリングラード地

72：窪地を乗り越えているSS「ヴィーキング」師団のIII号戦車J型。1942年7月。
付記：42口径5cm砲を装備したJ型初期生産型である。

区で編成された第7予備軍のほかに、ここへは第1予備軍も送り込まれた。南方面軍司令官R・マリノーフスキー将軍には、スロヴィーキノからニジニェ・チールスカヤにつながるスターリングラード防衛線の構築が任された。北カフカス方面軍司令官S・ブジョンヌイ元帥は、第51軍をヴェルフニェ・クルモヤールスカヤからアゾフ海にいたるドン河左岸に展開させ、この地区の防御態勢を整えるよう指示を受けた。

南西方面への撤退
ОТХОД НА ЮГО - ЗАПАДНОМ НАПРАВЛЕНИИ

　ヴォローネジ南方の戦況はソ連軍部隊にとって極めて厳しいものとなっていった。7月7日にかけての夜半、南方面軍の第28、第38、第9軍と南方面軍第37軍が東方への撤退を開始したとき、ドイツ軍は第4戦車軍と第6軍の兵力でもってドン河右岸沿いにカンテミーロフカに向けて進撃に移った。このため、南西方面軍司令官はチョールナヤ・カリトヴァー川沿岸の防御布陣に出遅れてしまった。ドイツ第4戦車軍主力と第40戦車軍団は7月3日の時点ですでにスタールイ・オスコール地区で合流し、急速に進撃を南方と南東に拡大させ始めたのだ。

　ドン河右岸沿いをロッソシ、カンテミーロフカ、ミーレロヴォに向かっていた第4戦車軍と第40戦車軍団は、南西方面軍の後方に進出しようとしていた。そして7月7日の午後には、フォン・シュヴェッペンブルグ将軍に率いられた第40戦車軍団とハイツ将軍指揮下の第8軍団はロッソシを占領した。第4戦車軍の主力は、その後を引き継ぐべき歩兵師団の接近が遅々としていたため、ヴォローネジ地区にとどまってソ連軍部隊の反撃を撃退していた。

　ドイツ軍は2日間の進撃で、赤軍部隊にチョールナヤ・カリトヴァー川左岸への撤退を余儀なくした。南西方面軍の眼前には包囲の危機が現実味を帯びてきた。このような状況では、ソ連軍最高総司令部はやむなく南西方面軍と南方面軍の隷下部隊のさらなる撤退を指示するほかなかった。

　ドイツ戦車部隊の後には野戦軍が続いた。ヴォローネジの北ではドイツ第2野戦軍が、また南ではハンガリー第2軍が進撃していた。これらの軍は第4戦車軍と第6野戦軍に取って代わり、戦車部隊が南東方面で行動できるようにした。

　7月8日、クライスト将軍の第1戦車軍はスラヴャンスク～アルチョーモフスクの地区からドン河を通って、またドイツ第17軍はアルチョーモフスクからヴォロシロフグラードに向かって攻撃を発起した。この日、ドイツ第4戦車部隊はオリホヴァートカを占領し、チョールナヤ・カリトヴァー川南岸の橋頭堡を複数確保した。このように、ソ連第28軍がオスコール河のヴォロコーノフカ～ヴァルイキ地区にいた頃、ドイツ軍は東へ奥深く進入して赤軍部隊の後方連絡を遮断し、カンテミーロフカを目指していたのだ。

　実情を把握していなかったソ連第28軍司令部は、7月7日のうちに第23戦車軍団長A・ハーシン大佐に対して、いかなる損害をもいとわず、7月8日0200時までにロッソシを奪還せよと命じていた。この命令を受領した戦車軍団司令部はそれを"アヴァンチュール（冒

73：ヴォローネジへの途上のドイツ第4戦車軍第24戦車師団の兵器群。 右側にはSd.Kfz.251とSd. Kfz.253、左側にはⅢ号戦車の縦隊が見える。1942年7月。（BA）
付記：右はSd.Kfz.251/3中型装甲無線車だろう。その隣はSd.Kfz.253だとすれば軽装甲観測車だが、この車両はおもに突撃砲部隊で使用された車両である。実際Sd.Kfz.250系列なのはわかるが、形式ははっきりしない。左側手前のⅢ号戦車は指揮戦車のフレームアンテナのような枠が見えるが、これは荷物の積載用だろう。形式はJ型であろう。その前はⅡ号戦車F型、その前2両はⅢ号戦車である。

74：ソスナー川を渡河するドイツ第23戦車師団部隊。ドイツ第4戦車軍地帯、1942年7月。この写真では、Sd.Kfz.251とⅢ号戦車が見える。（BA）
付記：Sd.Kfz.251は中期生産型のC型車体で、向こう側の戦車はⅣ号戦車であろう。

73

74

険)"だと呼んだ。なぜなら、指示された期限までに隷下旅団を戦闘からはずし、与えられた任務の遂行のために集結させることは不可能だったからである。

　それでも第23戦車軍団司令部は命令を迅速に遂行すべくあらゆる手を尽くし、ようやく7月8日1030時に隷下旅団の残存兵力をルジェーフカ村に集めることができた。この時点で可動状態にあったすべての戦車(40両)は第6親衛戦車旅団に渡されていた。戦車軍団司令部は敵部隊の兵力と配置に関する第28軍の偵察情報を検証はしなかった。

　7月8日の夜明け、第23戦車軍団隷下旅団がまだ完全には集結しきれていなかった頃、軍団司令部の一部がエカテリーノフカ村の新たな指揮所に到着した。ところが、そこでドイツ軍の戦車と歩兵による不意打ちに見舞われた。戦闘の結果、高射砲8門と自動車数台が破壊され、20名に上る死傷者を出し、生存者たちは退散してしまった。司令部の書類はやむなく破棄された。

　7月8日の朝、ソ連第6親衛戦車旅団司令部はロッソシ方面での戦闘に戦車を出動させるが、事前の偵察は行っていなかった。そのため、ソ連戦車は不意にドイツ軍の戦車軍と砲兵に遭遇し、戦車数両を失って引き下がった。0900時頃にこの旅団に到着した第23戦車軍団長ハーシン大佐は、戦車の一部が油と燃料の欠乏から遅れをとって途中で停車しており、また、無事到着した戦車も燃料を持たな

75：行軍開始直前の第14戦車師団Ⅲ号戦車縦隊。後尾のIN2号車は同師団戦車連隊第1戦車大隊通信隊副隊長の車両である。1942年7月。

76：スターリングラードトラクター工場で生産されたこのT-34中戦車は、ヴォローネジ攻防戦で撃破された。ソ連第18戦車軍団地区、1942年7月。(BA)
付記：スターリングラードトラクター工場製の、角張った砲塔の特徴がよくわかる。

いことを明らかにした。すぐに、ある飛行基地で約1tの燃料と若干の潤滑油を手に入れることができ、戦車は最低限の給油を受けて、40kmも離れたロッソシに向かって1030時に出発した。最低限の燃料ときわめて少量の弾薬しか搭載していない第6親衛戦車旅団は、長時間戦うことはできず、事実上死地に赴くも同然であった。だが、ハーシン軍団長としては第28軍司令部の命令を遂行するほかなかった。このときドイツ軍部隊はすでにロッソシから南東に進んでいた。随伴歩兵も戦闘補給も欠いたまま長距離出撃した第23戦車軍団の戦車は、ドイツ軍の頑強な抵抗に遭い、戦車数両を失って、クリヴォノーソフカ地区に後退した。

このような不適切な使い方をされた第23戦車軍団の隷下旅団は、7月10日までに"丸腰"の状態となり、兵員のかなりの部分も失った。他方の第28軍司令部は、戦況も第23戦車軍団隷下旅団の実態も知らず、もはやそこには1両の戦車も残っていないときでさえ、軽率で無意味な命令を出し続けた。

うまく統制の取れていない第28軍配下の各部隊はチョールナヤ・カリトヴァー川の防衛線を維持することができず、南東への撤退を続けた。その結果、第28軍と、隷下師団がこれまで通り西向きに

77

78

77：休憩中の第4戦車師団所属IV号戦車F2型。1941年7月。

78：行軍中の「グロースドイッチュラント」師団所属車両縦隊：装甲輸送車Sd.Kfz.251、装甲車Sd.Kfz.261並びにSd.Kfz.263。1942年7月。

配置されていた第38軍との間にできた亀裂はさらに広がった。ドイツ軍部隊はこの亀裂の間を、ロッソシからカンテミーロフカへ、またオリホヴァートカからカーメンカへと南進し続けた。第38軍司令官K・モスカレンコ将軍は右翼の形勢を危ぶみ、チモシェンコ方面軍司令官に連絡を入れ、この件に関する危惧を伝えた。ところが、南西方面軍司令官はむしろモスカレンコ将軍を「我慢が足りない」と非難し、第38軍に従来の陣地に留まるよう命じた。この時点で南西方面軍司令部はすでに戦況に変化についていけず、部隊の指揮統制能力を失っていた。第28軍との連絡も完全に途絶えていた。

モスカレンコは回想している――「方面軍司令部との連絡は一度ならず、しかも長時間にわたって途切れた。それに部隊の形勢も方面軍司令部は知らなかった。そしてわれわれもまた、方面軍指揮所の位置について正確な情報を持たなかった」。

1942年7月9日、南方軍集団の編制下にあったドイツ及び枢軸国軍の諸部隊は、命令で2個の軍集団に分けられた。フォン・ボック元帥指揮下のB軍集団の編制には、ドイツ第6軍、ハンガリー第2軍、イタリア第8軍、そして編制途上にあったルーマニア第3軍が入った。B軍集団は、南東方面の進撃を続行し、同時にドン河線に防衛態勢を築く任務を受領した。

V・リスト元帥を司令官とするA軍集団の陣容は、ドイツ国防軍第17野戦軍と第1及び第4戦車軍からなっていた。その任務は、スターリングラード方面での攻勢作戦の実施で、ヴォルガ河への進出とスターリングラード攻略を目的としていた。

両軍集団の基本課題は、相対峙するソ連軍部隊をミーレロヴォ地区に包囲殲滅することであった。このため、北方のヴォローネジ地区からは第4戦車軍がミーレロヴォ方面に攻撃を発起し、さらにこへ、南方のスラヴャンスク～アルチョーモフスク地区から第1戦車軍も進撃することになっていた。

ソ連第21、第28、第38軍隷下部隊の撤退は、非常に困難な状況下で進められていった。各部隊は弾薬や燃料の窮乏がひどく、各軍及び南西方面軍の司令部はしばしば隷下部隊の指揮統制を失った。

ソ連軍部隊の形勢は、先にも指摘した南西方面軍司令官S・チモシェンコ元帥の意味不明なゴローホフカ補助指揮所への出奔によってさらに複雑化した。撤退作業が最も繁忙を極めたときに、赤軍参謀本部には南西方面軍の情勢に関する報告が途絶えたのである。丸数日間、報告がなかったのだ。南西方面軍参謀長A・ボージン将軍は慌ててゴローホフカに通信設備と作戦参謀を派遣しなければならなくなった。ドイツ軍はもうロッソシの郊外に達し、南西方面軍部隊はチョールナヤ・カリトヴァー川南岸に防御を固めようと試みて

いた頃、モスクワも方面軍参謀部も実情を把握していなかった。参謀本部内では、ドイツ戦車部隊がカンテミーロフカに突進し、南西方面軍部隊は包囲される恐れが出てきたのではないか、と危ぶまれた。チモシェンコ元帥はゴローホフカに行きっぱなしで、モスクワとも自らの参謀部とも、配下の軍とも連絡が取れない。最高総司令部も参謀本部も、いったいどこに南西方面軍の指揮所があるのかどうしてもわからなかった。方面軍参謀長A・ボージン将軍はもうとっくに、カラーチに設置された新しい指揮所に移っているのに、チモシェンコ元帥は相変わらずゴローホフカに居座り続けていた。そして、7月9日に最高総司令部の直接指示が出てはじめて、チモシェンコはカラーチに到着した。彼はスターリンとの会話の中で、ホトとパウルスの攻撃部隊がソ連2個方面軍の後方深くに進出する脅威が現実性を帯びており、南西方面軍が自力でできるのは、敵のカンテミーロフカ〜ミーレロヴォ方面への進撃を一時的に遅滞させることだけであると認めた。そして、チモシェンコは増援部隊、とりわけ航空部隊の増援を懇請した。

　7月9日の夕刻、モスカレンコ将軍は、指揮している第38軍が包囲される脅威を感じ、隷下部隊を東方に撤退させ、カンテミーロフカ地区で北向きに展開配置させることを独断で決定した。だが、ドイツ軍の動きのほうが早かった。このときすでにフォン・シュヴェッペンブルグ将軍の第40戦車軍団部隊はカンテミーロフカを東から迂回しつつあったのだ。

　南西方面軍司令部は敵をロッソシ〜ローヴェニキ〜クレメンナーヤの線で遅滞させようと、カンテミーロフカ地区に第57軍を派遣した。しかし、この軍は隷下部隊をほとんど持たず、付与された部隊はそれまでの戦闘から外れて指定の地区に集結するのが間に合わなかった。その結果、寡兵の第57軍はまともな抵抗を示すこともできず、ニージニャヤ・カリトヴァー地区のドン河東岸に引き下がった。この後退によって、ドイツ戦車群に東から迂回される形となった第28、第38、第9軍の厳しい形勢はさらに深刻化した。

　パウルス軍の第40戦車軍団及び第48軍団は今までの成果を拡大させつつ、チョールナヤ・カリトヴァー川を渡河し、7月11日の夕方までにボーコフスカヤ地区に進出した。北東と東から覆われた上に、西方からクライスト将軍の第1戦車軍から攻撃を受けていた南西方面軍主力は、カンテミーロフカの南方及び南西で困難な戦いを続けていた。7月12日にクライスト戦車軍は幅広い前線で攻め立てながら、アイダール川をスタロベーリスクの南で渡河し、7月14日にはミーレロヴォに到達した。ここにはまた、ドイツ第4戦車軍の主力も駆けつけた。

　しかし、ソ連軍部隊を完全包囲する作戦は成功しなかった。その

[注17] 以下、通称のドネツ川と略記する。（訳者）

かなりの部分が包囲から脱出したからだ。7月13日、B軍集団司令部は陸軍総司令部に対して、第4戦車軍の前方とA軍集団左翼前方で「敵が東方並びに南東へ突破し、再び強力な部隊でもって南進した」と報告している。フォン・ボック元帥は、赤軍部隊をより深く包囲するために第4戦車軍をモローゾフスクを通ってドン河に向けさせることを要求し、自らは次の報告書をハルダー参謀総長に送った。「思うに、敵兵力の大包囲は、中央に大兵力があっても両翼が弱いような一作戦で達成できることはもはやありえません」。7月13日にこの報告書はドイツ国防軍司令部の会議で激論を惹き起こした。ヒットラー総統は、第4戦車軍機動部隊のヴォロネジ郊外からの引き揚げが遅れたことはボック元帥に責任があるとした。チモシェンコの主力がドイツ軍部隊による包囲を恐れて南へ撤退するであろうと考えたヒットラーは、ロストフの北にソ連軍部隊用の巨大な"釜"を用意することを決定した。まさしくこの目的で、ヒットラーは同日付で第4及び第1戦車軍に対して次の命令を発した。「セーヴェルスキー・ドネツ川 [注17] の両岸沿いを河口に向かって南下急行し、その後西へ転じてドン河沿いに行動しつつ、ソ連軍部隊

79：戦闘作戦に出動する前のT-26軽戦車の点検。ヴォローネジ方面軍地帯、1942年7月。（ASKM）
付記：T-26軽戦車は、ビッカース6t戦車をもとに、ソ連で改良発展、量産を続けた戦車で、1931年から1940年までになんと1万1,218両もが生産された。写真の車体は角形車体に円筒形砲塔をもつ1933年型である。3人乗りの小型戦車で、武装は45mm砲、最大装甲厚は15mm、最大速度は35km/hであった。

を渡河施設から遮断し、第17軍と協同でこれを殲滅すべし」。それにあたっては、わずか1週間前にドネツ川を北東方向に渡河したばかりの第4戦車軍は、対岸へ逆戻りしなければならなくなった。これらの進撃方向の変更は、貴重な時間を奪った。B軍集団司令官フォン・ボック元帥は軽率な進撃方向の転換に否定的な態度をとったため、ヒットラーは誰もが予期せぬボックの司令官更迭の挙に出た。7月13日の夕刻、ボックは即刻ベルリンへ飛ぶべしとの電報を受け取る。後に、1942年9月18日、ヒットラーはカイテルとの会話の中で元帥について次のように指摘している。

「彼はそれ（ヴォローネジ：著者注）がために4、5日間を無駄にしている。しかも、ロシア軍を包囲殲滅するためには1日1日が貴重だというときに、4個の優秀師団、とりわけ第24戦車師団と『グロースドイッチュラント』師団の上にあぐらをかいたまま、ヴォローネジにしがみついているのだ。私は言った、どこかに抵抗があるとしてもそこを押さないで、ドンに向かって南へ進みなさい、と。一番大切なのは、実際に敵を包囲できるように、なるべく速やかに南進することだと。ところが違う、この人間はまったく逆のことをしているのだ。そして、このツケが回ってきた――何日か悪天候が続き、その結果ロシア軍は思いもかけずに8～9日間を稼いで、その間に彼らは"釜"から這い出ることができたのだ……」。

80：フランス製戦利豆戦車ルノーUEに3.7cm対戦車砲PaK35/36が装備されている。このような車両がいくつか、第125歩兵師団の編制下でロストフ攻防戦に参加している。（BA）

付記：一応歩兵部隊の対戦車砲の機動力を大きく向上させるすばらしい兵器なわけだが、車体がルノーUE、搭載砲がドア・ノッカー、聴診器などと言われる3.7cm PaK35/36では、当時としてはすっかり旧式といってよく、残念ながらあまり役に立たなかったであろう。

81：Ⅳ号戦車F2型とⅡ号戦車が各2両、ドン地方のステップを東に進んでいる。ドイツ第6野戦軍地帯、1942年7月。（BA）
付記：Ⅳ号戦車F2型は、2両とも車体前面と砲塔側面に予備転輪を取り付けている。なお、Ⅱ号戦車はF型である。

　1942年7月15日、ボック元帥の後任にはマクシミリアン・ヴァイヒス将軍が就き、彼はB軍集団司令官任命と同時に、「敵に東方への撤退とドン河を越えた南下を許すな」との訓令を受領した。ソ連軍部隊のこの動きを阻止すべく、機動部隊は可及的速やかにドネツ川河口へ北方から突進し、コンスタンチーノフスカヤとツィムリャンスカヤ付近のドン河に架かる渡河施設を奪取せよと命じられた。それに続くロストフに対する攻撃は、赤軍部隊のドン河下流域への退却を阻止するはずであった。この作戦の統一指揮は、ヒトラー総統自らA軍集団司令部を通じて執り行った。B軍集団には、この作戦を北から、ドン河中部地域のヴォローネジと中央軍集団右翼の間で確かなものとすべく行動することが求められた。7月13日にはすでに、A軍集団に編入された第4戦車軍はミーレロヴォ～カーメンスク・シャフチンスキーの鉄道区間東側で、他方、第17野戦軍は北翼部隊をもってヴォロシロフグラードにそれぞれ攻撃を発起した。7月15日には第40戦車軍団が、続いてパウルス将軍の第6軍全部隊が、赤軍の大きな抵抗にも遭わずにミグリンスカヤ・コサック村～モローゾフスクの線に出た。その日の夕方には第4戦車軍はミーレロヴォに達し、ソ連第38及び第9軍を背後から深く抱き込んだ。また、ドイツ第1戦車軍は先鋒部隊はカーメンスク・シャフチンスキー地区に到達した。ドン河とドネツ川の間のソ連軍防衛線

82

82：第48戦車軍団第13戦車師団の泥沼に擱座したⅢ号戦車を引き出そうと奮闘しているドイツ戦車兵。ロストフ地区、1942年7月。この戦車の戦術番号は722で、師団章は砲塔の十字の左側に見える。（ASKM）

付記：Ⅲ号戦車は42口径5cm砲を装備したG型のようだ。G型は1940年4月から1941年2月までに600両が生産された。向こう側はⅡ号戦車のc～C型である。

は引き裂かれてしまった。

　V・ゴルドフ将軍のソ連第21軍の残存部隊はドン河を渡河することができなかった。同軍司令部を支配していた独特の雰囲気は、ソ連邦元帥V・チュイコフの回想録を読むとよくわかる──
「フロローヴォ駅で我々は第21軍参謀部を見かけた。参謀長は我々を歓迎し、戦況について何か伝えようと一生懸命だったが、何も伝えることはできなかった。前線がどこを走っているのかも、隣接部隊がどこにいるのかも、そして敵がどこにいるのかも、彼は知らなかった。ただひとつ確認することができたのは、方面軍司令部がすでにヴォルガ河付近にあるということだけだった。

　第21軍司令部は車上にあった。すべての通信設備、すべての器材は自動車に積んで移動していた。私はこのような機動性は気に入らなかった。いたるところに前線の不安定さと戦闘における忍耐性の欠如が感じられた。軍司令部は誰かに追いかけられており、追跡から逃れようとしているかのようで、司令官を筆頭にすべてが、い

つでも移動できるように準備していた」。

ソ連第28軍がカザンスカヤ駅とヴェニャンスカヤ駅に辿り着いたとき、各隷下連隊には戦闘可能な兵は100～150名ずつしか残っておらず、もはや骨抜きと言っていい状態にあった。A・ロパーチン将軍の第9軍は雪崩をうって敗走していった。V・チュイコフは回想録に書いている——

「国営農場『ソヴィエツキー』の周辺のステップでは、ある窪地に2個師団の司令部を見かけたが、彼らは第9軍司令部を探しているとのことだった。これら師団司令部は数名の将校からなっていたが、彼らは3～5台の自動車に燃料タンクをもうこれ以上は積めないというほど押し込んで移動していた。『ドイツ軍はどこだ？ 友軍部隊はどこにいる？ そして諸君らはどこへ行こうとしているのだ？』という私の質問に、彼らは満足の行く回答はできなかった。はっきりしていたのは、彼らが失った自信を取り戻し、退却部隊の戦闘能力を向上させるのはそう簡単ではないということだ。何よりもまず、敵を食い止め、それから強力な打撃でもって敵の先鋒を粉砕しなければならなかった。そうすれば……そうすればもちろん、すべてが収まるべき所に収まったはずだが」。

K・モスカレンコ将軍の第38軍は隣接部隊との連絡が完全に途絶えたまま、幅広い前線を保ってカシャールィに後退し続けていた。撤退部隊は絶えずドイツ航空部隊の空襲にさらされていた。後にモスカレンコ将軍は当時を次のように振り返っている。「敵機が上空を支配していた。敵機の行動から蒙った我が方の兵器の損害は損害全体の50％に上り、空爆による弾薬の損害は敵砲兵の射撃によるものを数倍上回っていた。5時間もの間休みなく続いた空爆には、忍耐強い親衛部隊も動揺した。この地獄の中では精神がおかされ、命令を理解する能力を喪失する者も出てきた」。

カシャールィに着いたモスカレンコは、無線で南方面軍への編入命令を受領した。だが、この方面軍の司令部との連絡もとれなかった。そこで第38軍司令官は隷下師団を東に移動させることを決断した。7月16日、第38軍部隊はセラフィーモヴィチ地区でドン河に向けて、敵の間を突進していった。

1942年7月半ばまでにドイツ軍の戦車・自動車化師団のスターリングラードへの進撃は停止された。ドン河沿いに南下していたのはドイツ第6軍だけとなった。ドイツ軍の将軍たちの見方によれば、これは国防軍司令部の深刻な過ちであった——「この後にも先にも、戦況はスターリングラード進撃にとってそれほど良好ではなかった。"釜を焚く"チャンスは失われた。本当を言えば、包囲すべき相手もいなかったのだが」。

このとき、"焚かれる"はずの南西方面軍は存在しないも同然だっ

83：行軍中のドイツ第23戦車師団 III号戦車縦隊。第6野戦軍地帯、1942年7月。（BA）
付記：III号戦車はJ型であろう。2両前はII号戦車c～C型である。

たのだ。方面軍司令官チモシェンコ元帥は撤退部隊との間に何の連絡もなく、部隊を指揮できる状態になかった。方面軍自体はばらばらの群れとなり、それぞれ勝手に東へ東へと先を急いでいた。このため、ソ連軍最高総司令部の1942年7月12日付の訓令によって南西方面軍は解散され、その第9、第28、第38軍は隣の南方面軍に移された。

南西方面軍司令部はカラーチからスターリングラードに移駐し、やはり1942年7月12日付の最高総司令部訓令によって創設されたスターリングラード方面軍部隊を統率するよう命じられた。東方に退却した南西方面軍部隊は、S・チモシェンコ元帥を長とする新たな方面軍が展開したスターリングラード地区に向かった。7月22日、チモシェンコに代わってV・ゴルドフ将軍が方面軍司令官に就いた。チモシェンコ元帥は、度重なる失敗を犯した挙句、遂にスターリンの寵を失った。

スターリングラード方面軍の編制には、最高総司令部予備から第62、第63、第64軍が引き渡され、さらに南西方面軍第21軍が含められた。

7月24日、ドイツ軍部隊はクレーツカヤ～スロヴィーキノ～ヴェルフニェ・クルモヤールスカヤの線に到達し、スターリングラード方面軍と間に火花を散らした。スターリングラード大攻防戦の始まりである。

84

85

84：ヴォロネジに向かってステップを進むⅣ号戦車F2型。ドイツ国防軍第4戦車軍地帯、1942年7月。（BA）
付記：後ろにはキューベルワーゲンと、Ⅳ号戦車（おそらくF型）が続行している。

85：ソスナー川を渡るドイツ第24戦車師団のⅢ号戦車。1942年7月1日。この戦車は戦術番号131を持ち、師団章（円中の騎士）は車体後部右側に付けられている。（BA）
付記：Ⅲ号戦車J型であるが、42口径砲装備型か60口径砲装備型かは不明。前方も同じくⅢ号戦車である。

86：前線に向かって行軍中の「グロースドイッチュラント」師団戦車連隊所属Ⅳ号戦車F2型。ヴォローネジ地区、1942年7月。この車両は戦術番号1を持ち、後部左フェンダーには師団章が見える。(ASKM)

ドイツ軍のロストフ突入
ПРОРЫВ НЕМЦЕВ К РОСТОВУ

　7月4日、ドイツ軍は第4戦車軍と第6軍の攻勢開始と同時に、南方面軍右翼に対しても進撃に移り、第1戦車軍の主攻撃がイジューム～スラヴャンスク地区から基本攻撃軸のスタロベーリスクとクラスノドンに向けられた。ドイツ軍はドンバス地方[注18]を守っていた南方面軍部隊の包囲殲滅を目指した。第4戦車軍はツィムリャンスカヤ～コンスタンチーノフスカヤ地区でドン河に進出し、主力をもってロストフを攻撃することになっていた。第1戦車軍には、カーメンスク・シャフチンスキー付近でドネツ川を渡河し、続いてロストフに進撃する課題が与えられた。ドイツ戦車部隊がドン河に到達するとともに、タガンローグ地区からは第17軍が攻勢に移り、アゾフ海の海岸伝いにロストフとヴォロシロフグラードのふたつの方面に攻撃を発起する手筈になっていた。

　ソ連南方面軍部隊は人員と装備の数で相対する敵に劣るところ少なく、よく整備された防御陣地を持っていた。しかし、ドイツ戦車部隊がドン河の大湾曲部に進出し、A軍集団部隊が南方面軍後方に南進を果たしたことによって、南方面軍は包囲される恐れが出てきた。この戦況に鑑み、南方面軍司令官のR・マリノーフスキー将軍はソ連軍最高総司令部から、隷下部隊が後方防衛線へ後退する許可を取り付けた。

　7月15日までにソ連第37軍はヴォロシロフグラード～クラスノドン地区に撤退し、南方面軍主力を北東から掩護する任務を負った。前線を縮小させるべく、ここにはソ連第12軍部隊も集結させられた。

　7月12日、解散された南西方面軍に属していた第28、第38、第9軍が南方面軍に編入された。しかし、それをもってしても、南方面軍の形勢改善にはつながらなかった。7月12日から13日の間、南方面軍司令部は第28軍とも第38軍とも連絡が取れなかったからだ。その後ようやく連絡がついたところ、今度は、これら2個軍が各々隷下部隊との連絡がほとんど取れていないことが判明した。

　7月15日にR・マリノーフスキー将軍は、南方面軍部隊をドン河の奥に後退させ、北カフカス方面軍第51軍と協同でヴェルフニェ・クルモヤールスカヤからドン河左岸沿いに、そしてさらにロストフ要塞地帯の防衛線上に防御態勢を整えよ、との最高総司令部命令を受領した。同時に、第28及び第38軍と新設の第57軍がスターリングラード方面軍の編制に移された。

　7月16日にかけての夜半、南方面軍部隊は撤退を始めた。そして7月19日、南方面軍主力がシネゴールスキー～ズヴェーレヴォ～チ

[注18] ウクライナ共和国ドネツ川流域の大炭田地帯。（訳者）

87

87～89：ヴォロシロフグラード地区でドイツ航空隊に破壊された装甲列車「ザ・ロージヌ!」号。南西方面軍、1942年7月17日。手前の戦闘車には3個の砲塔（写真87の左からKV-2重戦車砲塔、45㎜砲換装型T-34戦車砲塔、76㎜野砲1902年型装備砲塔）がある。(ASKM)

　ヤーコヴォの線に退いたとき、カーメンスク・シャフチンスキー付近の戦区は掩護のないままにおかれていたことが明らかとなった。
　7月20日、ドイツ国防軍第1戦車軍は戦いながらドネツ川を渡り、カーメンスク・シャフチンスキー地区からノヴォチェルカースクに攻撃を発起した。ドイツ軍はソ連軍部隊の防御を突き破ってその亀裂になだれ込み、7月21日の夕方にはロストフ要塞地帯の外輪防衛線に迫った。ドイツ戦車部隊の前進は、西と北と東の三方から攻められていた南方面軍部隊を苦境に追い込んだ。完全包囲の危機を感じた南方面軍司令官は、部隊をロストフに後退させ始めた。
　7月23日、タガンローグの北からキフナー将軍指揮下のドイツ第57戦車軍団が攻勢に移った。1942年7月23日は、独ソ開戦後2回目のロストフ陥落の日である。クライスト将軍の第1戦車軍は再びこの都市を攻略した。
　だが、ドイツ軍は南方面軍部隊を包囲することはできなかった。ロストフ要塞地帯で防戦を展開していたソ連第56軍は、ドン河左岸への撤退に成功した。7月25日の夕刻までに、南方面軍部隊はマーヌィチ運河河口からアゾフ海にいたるドン河左岸に防御を固めた。7月28日、南方面軍は解散となり、その後ドイツ軍はドン河左岸に数個の橋頭堡を獲得するに至った。

88

89

93

ョール方面攻勢作戦）と新たな戦略予備の創設（ヴォロ一ネジ、ス
ターリングラード両方面軍の編成）、軍紀粛清（国防人民委員指令
第227号）、これらすべての措置が、その後の戦闘活動の推移に決
定的な影響を与え、ドイツ軍の計画を頓挫させ、赤軍部隊の抵抗が
勢いを増し、南西方面の突破されていた戦略前線を回復させること
につながったのである。

　ドイツ軍部隊とその同盟国軍がカフカス山脈の麓とスターリング
ラードに向けてステップを疾走していた頃、第三帝国の軍最高指導
部では誰も、7ヵ月後にこの遠征がヴォルガ河での第6軍の壊滅に
終わり、ドイツ全土が3日間の喪に服することになろうとは想像だ
にしなかった。

93：ソ連製戦利76.2㎜砲で武装
したⅡ号戦車D型車台搭載7.62㎝
PaK36(r)用自走砲架が行軍してい
る。ドイツ国防軍第4戦車軍地帯、
1942年7月。（BA）

付記：Ⅱ号戦車D型車台搭載7.62
㎝PaK36(r)用自走砲架はいかにも
急造自走砲であり、後の自走砲に
比べて洗練されていない。戦車の
上に屋上屋を重ねたように戦闘室
が設けられており2階建てのように
背が高く、車高は2.6mになる。

付録：実戦での独ソ戦車部隊の戦術使用に関して
(「ブラウ作戦」中の第23戦車師団の戦闘経験に基づき作成)

I.ドイツ戦車部隊の使用

過去の作戦で用いられた戦術と異なり、本作戦では連隊が通常1個の統一された戦車部隊として使用され、それは個々の中隊が各々の任務を受領していたときと比べ、はるかに大きな効果をもたらした。やむをえない場合には、大隊が個々の任務遂行のために使用されることもあるが、個々の中隊の使用は例外的な場合に限られた。必要なのは、戦車を常に大規模に使用するよう努めねばならないことである。

■戦術

1.
戦車の進撃は、その後に歩兵が続くようにしなければならない。敵が歩兵を戦車から「切断」できないようにする必要がある。戦車は敵の防衛地帯から敵兵を掃討すべきであり、単に防衛線を通過するだけではいけない。

2.
戦車が獲得した集落や戦区を維持できるのは一時的であり、敵歩兵が接近してこないうちに限られる。歩兵は戦車と連絡を確立し、戦車の側背領域を「掃き清め」、可及的速やかに獲得された目標を占拠し、そこに布陣する。戦車はその後、前線から3kmほど後退、集結させ、新たな任務の遂行を準備させなければならない。

3.
仮に戦車が高地を占領し、そこを歩兵到着まで確保せねばならぬ場合、戦車数両を高地の麓の防御陣地に配置し、しかるべく迷彩を施さねばならない。高地には歩哨を立てる必要がある。翼部も同様に防御しなければならない。戦車主力はやや後ろの遮蔽物の中に引き下げ、迷彩を施して、完全臨戦態勢の状態に維持しなければならない。敵の注意を惹起せぬよう、高地頂上に姿を見せてはならない。

4.
戦車対戦車の戦闘では常に敵の翼部を攻撃するよう努めねばならない。それに寄与するのは、わが方の戦車内部からの良好な視界である（優れたレンズ、司令塔）。正面からの遭遇戦では敵は常に優位にある。なぜなら、ロシア戦車の武装と装甲はドイツ戦車よりも優れているからである。敵が攻めれば、わが方は互いに向き合うように退いて「やっとこ」を開き、敵が「やっとこ」の中に入り込んだとき、側面のシルエットを撃て。友軍戦車の攻めるときは、森林と窪地を利用し、敵の翼部に進出せよ。

5.

7.5cmKw.K 40長砲身砲搭載Ⅳ号戦車は戦車部隊の第一線を進み、戦場にロシアのKV-1や装甲強化型KV-1が出現したら、すばやく砲火を開くことができるようにしなければならない。

6.

概括：高速で移動せよ。中隊を幅広く横隊に展開して攻撃せよ。戦車は大きな間隔を保って移動すべきである。森林と村落を避け、1kmの間隔を取りながらそれらを迂回せよ。戦車の最大の武器はスピードと機動性である。ドイツ戦車部隊は1個の陣地に何時間も留まっていることが少なくない（ロシア戦車も同様であるが）。これは正しくない。戦車はより頻繁に陣地を変え、機動的でなければならない。

高地や道路沿いの防御戦闘においては、戦車主力は最初は後方に下げ、後にこの予備を敵の攻撃軸に向かわしめるべきである。より積極的な戦術偵察を実施する必要がある。

■弾薬の使用と砲弾の装甲貫徹力

1.

より積極的に機関銃を使用しなければならない。

2.

主火器による対歩兵、対自動車（乗用並びに貨物）射撃は非合理的で許し難い。

3.

5cmKw.K L/60長砲身戦車砲発射弾の装甲貫徹力は、

38年式徹甲弾（Panzergranate 38）対T-34中戦車：

・砲塔側面並びに砲塔基部への有効射程──最大40m

・砲塔前面への有効射程──最大400m

車体前部に対する射撃は非効果的であるが、操縦手ハッチを貫通できる場合がある。

38年式徹甲弾対KV-1重戦車：

・車体側面貫通有効射程──最大300m

・砲塔側面並びに砲塔基部への有効射程──100〜200m

・砲塔前面への有効射程──100m未満

40年式徹甲弾（Panzergranate 40）：

40年式徹甲弾は使用すべきでない。なぜなら、その薬莢が砲身内で破裂または滞留する恐れがあり、その際クリーニングロッドでこれを除去せざるを得ない。薬莢の砲身内破裂は38年式徹甲弾でも発生する。

4.
7.5cmKw.K 40 L/43長砲身砲発射徹甲弾39年型（Panzergranate 39）対T-34中戦車装甲貫徹力：
T-34中戦車は、射程が1.2km以内であればいかなる面のいかなる角度に着弾しても大破する。装甲強化型KV-1重戦車に対する射撃データはない。戦闘中、砲弾の薬莢が排莢されず、砲身内に滞留するという問題が発生していた。このような場合、薬莢はクリーニングロッドを砲口から通して突き出すほかない。これは射撃の威力を大きく制限するものである。

■無線使用
1.
戦闘中の無線使用は無条件に必要な場合に限らねばならない。
2.
指揮戦車（Pz.Bef.Wg）からループアンテナを取り外すことは有益であることが判明した。なぜなら、今や遠方から指揮戦車を通常の戦車から区別するのが困難となり、敵を撹乱することができるからだ。
※「砲兵観測戦車」（Ⅱ号戦車：Pz.Kpfw Ⅱ）を使用する砲兵隊との連携：
作戦第1段階（6月28日～7月13日）で砲兵支援が欠如していたのは、無線装置の不備によるものである。その後砲兵観測戦車にはより近代的な無線装置が取り付けられ、砲兵との連携が整えられていった（7月23日～28日）。砲兵隊にⅡ号戦車を観測用として抽出するのは一時的措置として検討されるべきである。

Ⅱ.ロシア戦車部隊の使用

昨年のロシア軍は膨大な戦車の損害を出した。それは、戦車を大量使用しなかったからであり、今年は敵は戦車を戦闘に大量投入している。

1.
ロシア戦車はしばしば、開かれた平坦な地形に集結されている。
2.
ロシア戦車は攻撃中は粘り強い前進を見せる。ドイツ軍が先頭のロシア戦車を撃破すると、ロシア軍はしばしば攻撃意欲を失っていく。
3.
ロシア戦車は数時間単位で1カ所に留まっている。
4.
ロシア戦車が強力な攻撃をもってわれわれの歩兵陣地に食い込むことはあるが、決まって、その後の戦果を拡大させることはできない。

5.
ドイツ戦車の攻撃あるいは進出の際、ロシア戦車を自然もしくは人工の遮蔽物に入れて表面には砲塔のみを覗かせ、ドイツ戦車を近くまで引き寄せて近距離から撃破している。ロシア戦車の火力は遠距離からもかなりの損害をもたらしている。

6.
ア）T-34——この戦車はあらゆるドイツ戦車より秀でていたが、1942年春のドイツ長砲身戦車砲5cmKw.K L/60と7.5cmKw.K L/43の登場によりドイツ戦車に劣るようになった。ロシアのT-34はいくつかの戦車戦においてドイツ戦車を叩き、大損害を与えていたが、新型砲の火力に直面した今、できる限り後退し、戦火を交えぬようにしている。

イ）KV-1——ロシアのKV-1並びに装甲強化型KV-1戦車は、しばしばT-34の代替として使用された。通常これらの重戦車が大規模に使用されることはなかったので、その破壊はそれほど難しくはなかった。

7.
ロシア戦車兵の信じられぬほどの士気——走行能力を失い、直撃弾を5〜6発受けてもなお、乗員は降伏せず、射撃を続けている戦車がある。このような車両を破壊するには爆破工兵の特殊部隊を送り込まねばならない。ロシア軍は最後の砲弾、最後の銃弾まで闘う。

8.
ドイツ砲兵の射撃もしくは急降下爆撃機の攻撃がロシア軍に陣地放棄を強いるのはまれである。ただし、ロシア軍もある程度の損害は蒙っているが。ルフトヴァッフェの大空襲は、ロシア軍の強力な戦車部隊が集結する場所を破壊し、その予定するドイツ軍部隊開放翼部への攻撃を頓挫させることができる。

ロシア戦車の長所——強力な主武装、強力な装甲、高い不整地踏破性能、長い行動半径。

ドイツ戦車の長所——車体内部からの良好な視界、優れたレンズと無線装置が戦闘状況のコントロールを可能にする。

参考文献と資料

1.ロシア連邦国防省中央公文書館（フォンド：ブリャンスク方面軍戦車・機械化軍司令官管理部、南西方面軍戦車・機械化軍司令官管理部、南方面軍戦車・機械化軍司令官管理部、第21軍戦車・機械化軍司令官管理部、第28軍戦車・機械化軍司令官管理部、第38軍戦車・機械化軍司令官管理部、第9軍戦車・機械化軍司令官管理部、第5軍参謀部、第1戦車軍団参謀部、第16戦車軍団参謀部、第17戦車軍団参謀部、第18戦車軍団参謀部、第23戦車軍団参謀部、第24戦車軍団参謀部）

2.M・G・アブドゥーリン『兵士の日記』、モスクワ、1990年、モロダーヤ・グヴァールヂヤ（若き親衛隊）刊

3.『ヴォルガの偉大なる勝利』(K・K・ロコソーフスキー・ソ連邦元帥監修)、モスクワ、1965年、ヴォエニズダート（軍事出版）刊

4.『機密解除　戦争、軍事行動、軍事紛争におけるソ連軍の損害—統計調査』(G・F・クリヴォシェーエフ監修)、モスクワ、1993年、ヴォエニズダート（軍事出版）刊

5.A・I・エリョーメンコ『スターリングラード　方面軍司令官のメモ』、モスクワ、1961年、ヴォエニズダート（軍事出版）刊

6.M・I・カザコーフ『戦跡地図を広げて』、モスクワ、1971年、ヴォエニズダート（軍事出版）刊

7.M・E・カトゥコーフ『主攻撃の矛先』、モスクワ、1985年、ヴイスシャヤ・シュコーラ（高等学校）刊

8.K・S・モスカレンコ『1941～1943年の南西方面にて　軍司令官の回想』、モスクワ、1973年、ナウカ（科学）刊

9.K・K・ロコソーフスキー『兵士の義務』、モスクワ、1984年、ヴォエニズダート（軍事出版）刊

10.『ソ連戦車部隊　1941～1945年（軍事史概論）』、モスクワ、1973年、ヴォエニズダート（軍事出版）刊

11.『大祖国戦争期のソ連戦車部隊の創設と戦闘使用』(O・A・ローシク監修)、モスクワ、1979年、ヴォエニズダート（軍事出版）刊

12.V・I・チュイコフ『スターリングラードからベルリンまで』、モスクワ、1985年、ソヴィエツカヤ・ロッシーヤ（ソヴィエト・ロシア）刊

13.S・M・シュテメンコ『戦時下の参謀本部』、モスクワ、1985年、ヴォエニズダート（軍事出版）刊

14.Thomas L. Jents. Panzertruppen 1935 - 1942, Schiffer Military History, Atlegen, PA, 1996

15.『タンコマーステル』、『ポリゴン』、『軍事史ジャーナル』の各誌

[著者]
マクシム・コロミーエツ
1968年モスクワ市生まれ。1994年にバウマン記念モスクワ高等技術学校(現バウマン記念国立モスクワ工科大学)を卒業後、ロシア中央軍事博物館に研究員として在籍。1997年からはロシアの人気戦車専門誌『タンコマーステル』の編集員も務め、装甲兵器の発達、実戦記録に関する記事の執筆も担当。2000年には自ら出版社「ストラテーギヤKM」を起こし、第二次大戦時の独ソ装甲兵器を中心テーマとする『フロントヴァヤ・イリュストラーツィヤ』誌を定期刊行中。最近まで内外に閉ざされていたソ連側資料を駆使して、独ソ戦の実像に迫ろうとしている。著書、『バラトン湖の戦い』は大日本絵画から邦訳出版され、『アーマーモデリング』誌にも記事を寄稿、その他著書、記事多数。

アレクサンドル・スミルノーフ
1965年レニングラード市(現サンクトペテルブルグ市)生まれ。サラリーマン業のかたわら、装甲兵器の歴史を研究し、ロシアの人気戦車専門誌『タンコマーステル』にも記事を寄稿している。ほかに、コロミーエツ氏との共著『1941年白ロシアの戦い』(露語)がある。

[翻訳]
小松徳仁 (こまつのりひと)
1966年福岡県生まれ。1991年九州大学法学部卒業後、製紙メーカーに勤務。学生時代から興味のあったロシアへの留学を志し、1994年に渡露。2000年にロシア科学アカデミー社会学・政治学研究所付属大学院を中退後、フリーランスのロシア語通訳・翻訳者として現在に至る。訳書には『バラトン湖の戦い』、『モスクワ上空の戦い』(いずれも大日本絵画刊)がある。また、マスコミ報道やテレビ番組製作関連の通訳・翻訳にも多く携わっている。

[監修]
齋木伸生 (さいきのぶお)
1960年東京都生まれ。早稲田大学大学院法学研究科博士課程修了。外交史と安全保障を研究、ソ連・フィンランド関係とフィンランドの安全保障政策が専門。現在は軍事評論家として、取材、執筆活動を行っている。主な著書に、『戦車隊エース』(コーエー)『ドイツ戦車発達史』(光人社)『フィンランドのドイツ戦車隊(翻訳)』(大日本絵画)などがある。また、『軍事研究』『丸』『アーマーモデリング』などに寄稿も数多い。

独ソ戦車戦シリーズ 6

ドン河の戦い
スターリングラードへの血路はいかにして開かれたか?

発行日	2004年10月10日 初版第1刷
著者	マクシム・コロミーエツ　アレクサンドル・スミルノーフ
翻訳	小松徳仁
監修	齋木伸生
発行者	小川光二
発行所	株式会社大日本絵画
	〒101-0054　東京都千代田区神田錦町1丁目7番地
	tel. 03-3294-7861 (代表)　http://www.kaiga.co.jp
企画・編集	株式会社アートボックス
	tel. 03-6820-7000　fax. 03-5281-8467
装丁・デザイン	関口八重子
DTP	小野寺徹
印刷・製本	大日本印刷株式会社

ISBN4-499-22855-7 C0076

ФРОНТОВАЯ
ИЛЛЮСТРАЦИЯ
FRONTLINE ILLUSTRATION

БОИ В ИЗЛУЧИНЕ ДОНА
28 июня - 23 июля 1942 года

by Максим КОЛОМИЕЦ
Александр СМИРНОВ

©Стратегия КМ 2003

Japanese edition published in 2004
Translated by Norihito KOMATSU
Publisher DAINIPPON KAIGA Co.,Ltd.
Kanda Nishikicho 1-7,Chiyoda-ku,Tokyo
101-0054 Japan
©DAINIPPON KAIGA Co.,Ltd.
Norihito KOMATSU,Nobuo SAIKI
Printed in Japan